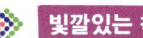
빛깔있는 책들 102-5

수원 화성

글/김동욱 ● 사진/손재식

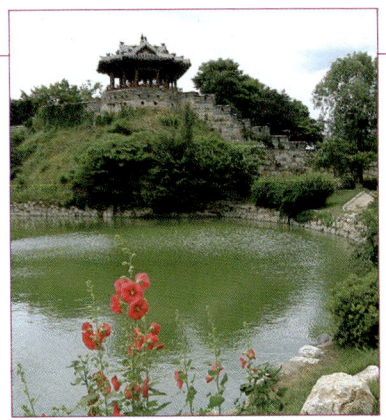

대원사

김동욱 ————————————

고려대학교 건축공학과를 졸업하고 일본 와세다대학 대학원에서 공학박사 학위를 받았다. 경기대학교 부교수로 있으며, 문화관광부 문화재위원회 전문위원 겸 경기도 문화재위원이다.

손재식 ————————————

신구전문대학교 사진학과를 졸업하였고, 대림산업 홍보과와 대원사 사진부에서 근무하였으며, 지금은 프리랜서로 일하고 있다. 1985년 유럽 알프스 촬영 등반, 1987년 네팔 히말라야 에베레스트 촬영 등반 보고전을 가진 바 있으며, 사진집으로「한국 호랑이 민예 도록」이 있다.

수원 화성

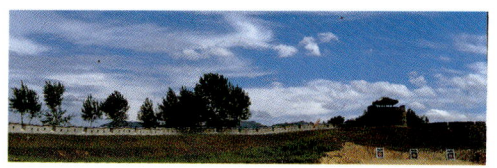

사진으로 보는 수원 화성

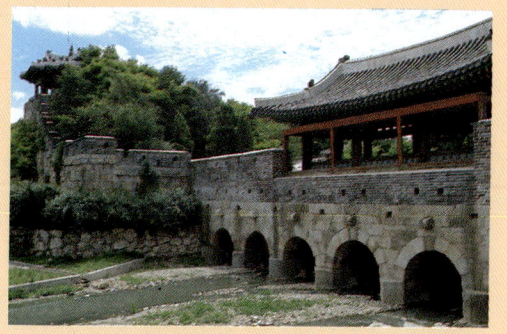

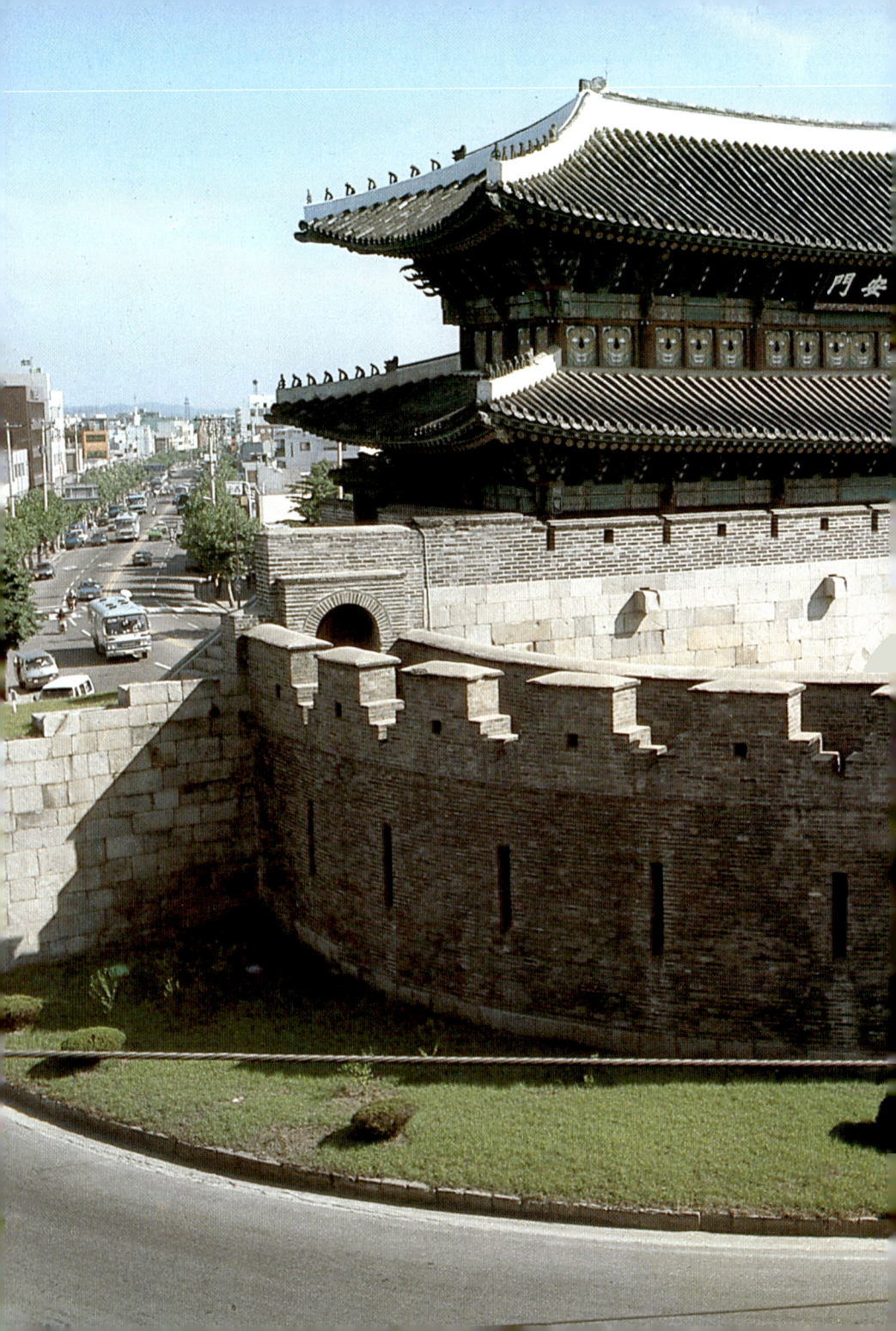

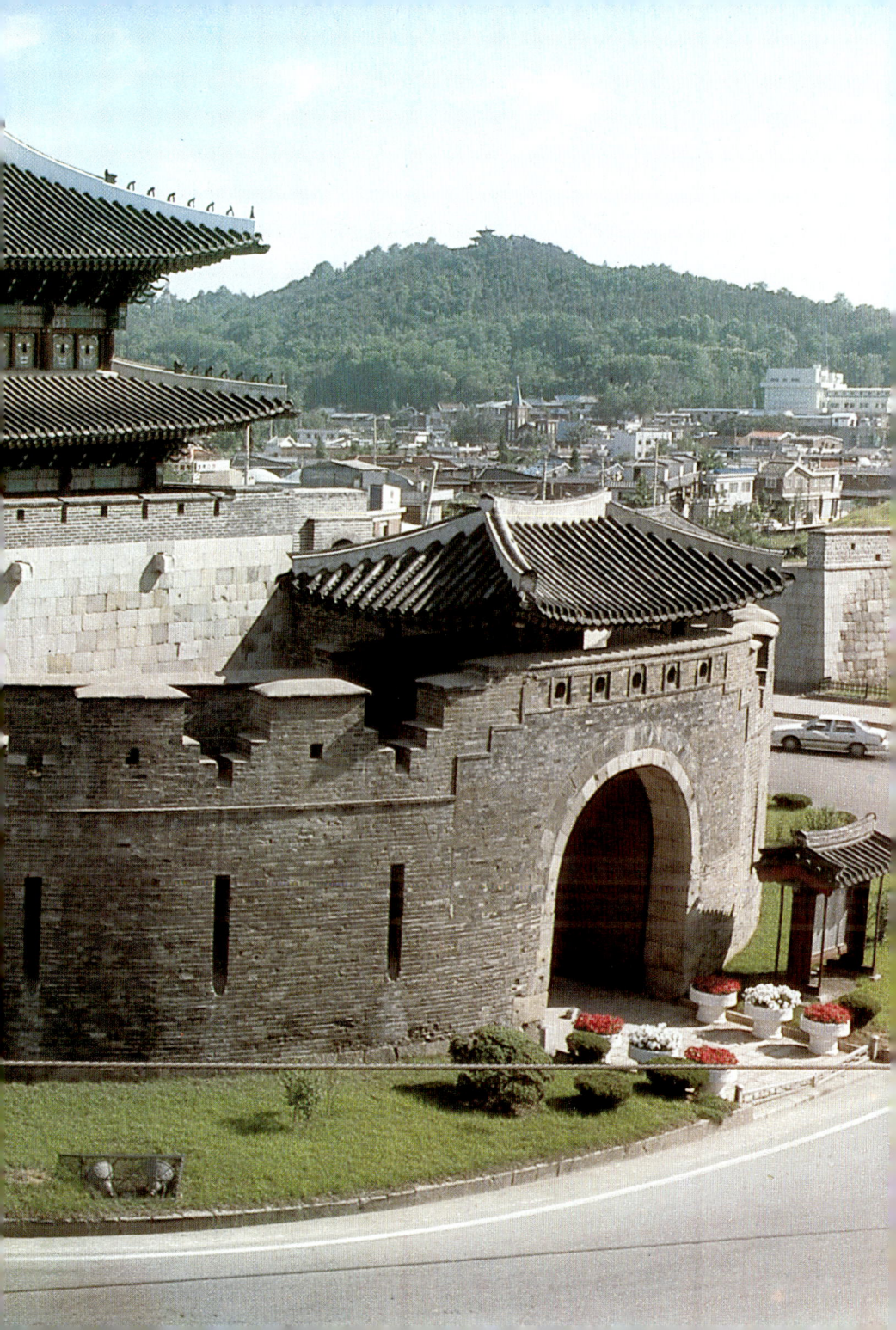

장안문   서울을 향한 북문이다. 돌로 높이 쌓은 사다리꼴의 육축(陸築) 가운데에 홍예
문을 내고, 육축 위에는 2층으로 된 장중한 누각을 세웠다. 앞쪽에는 반원형의 옹성을
쌓았다.(앞, 아래)

동쪽에서 본 장안문(오른쪽 위)

서북 적대(敵臺)   성문 옆에는 성벽보다 돌출된 적대가 있어 적의 공격을 방어할 수
있게 했다.(오른쪽 아래)

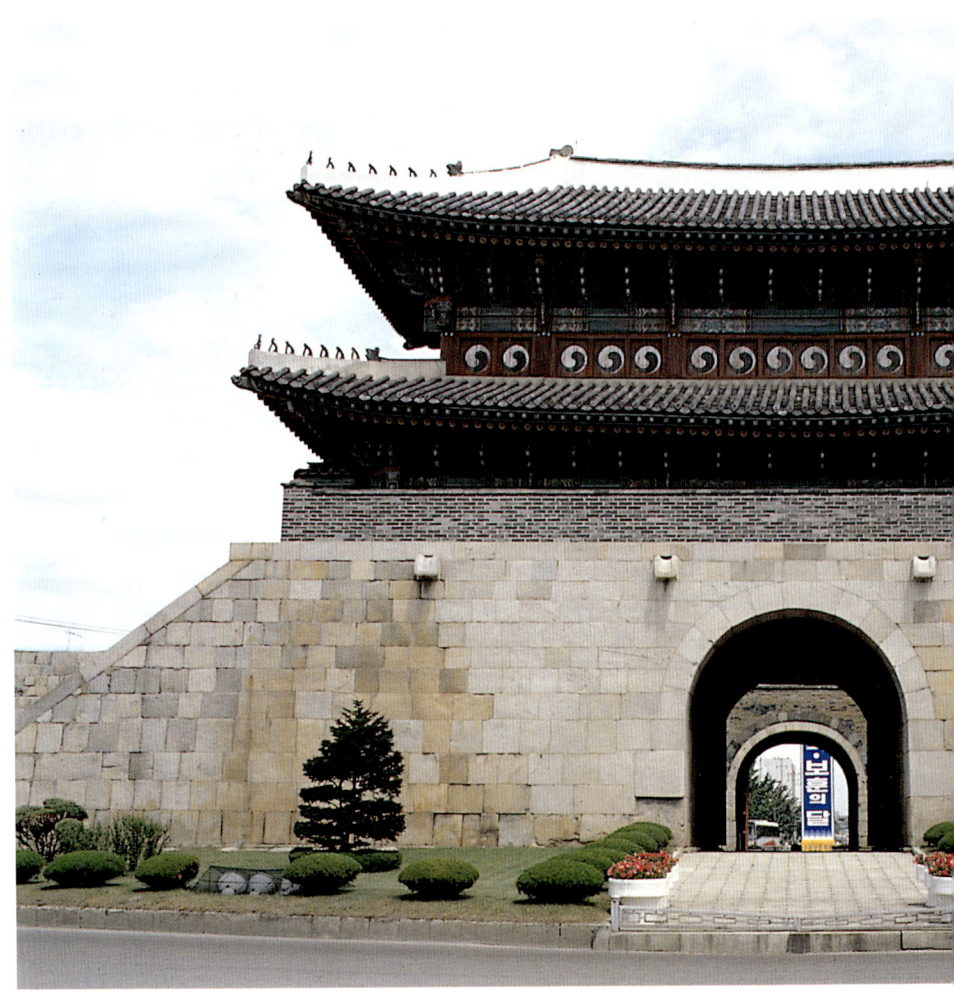

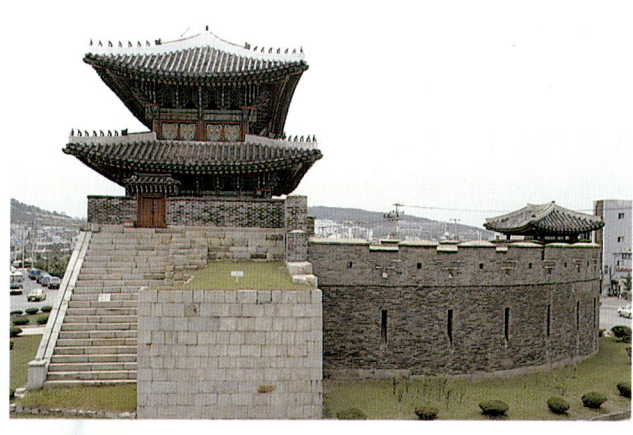

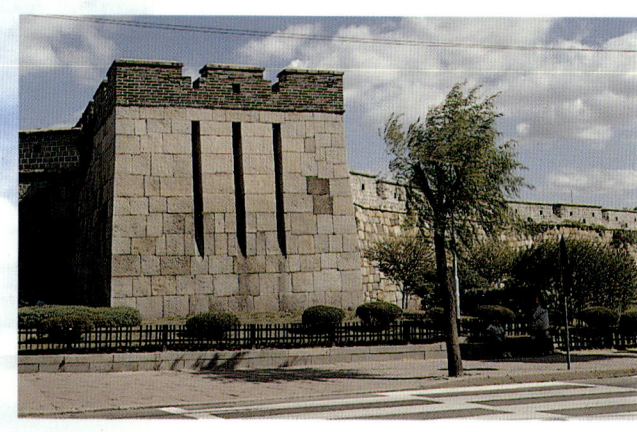

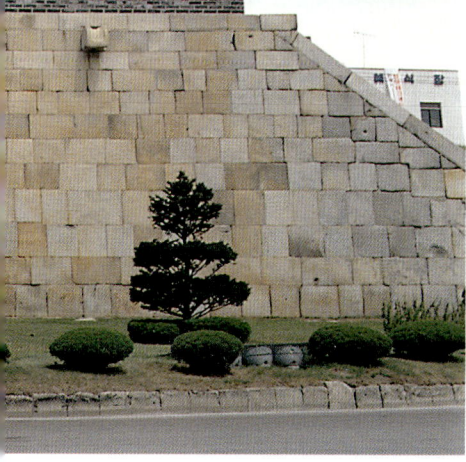

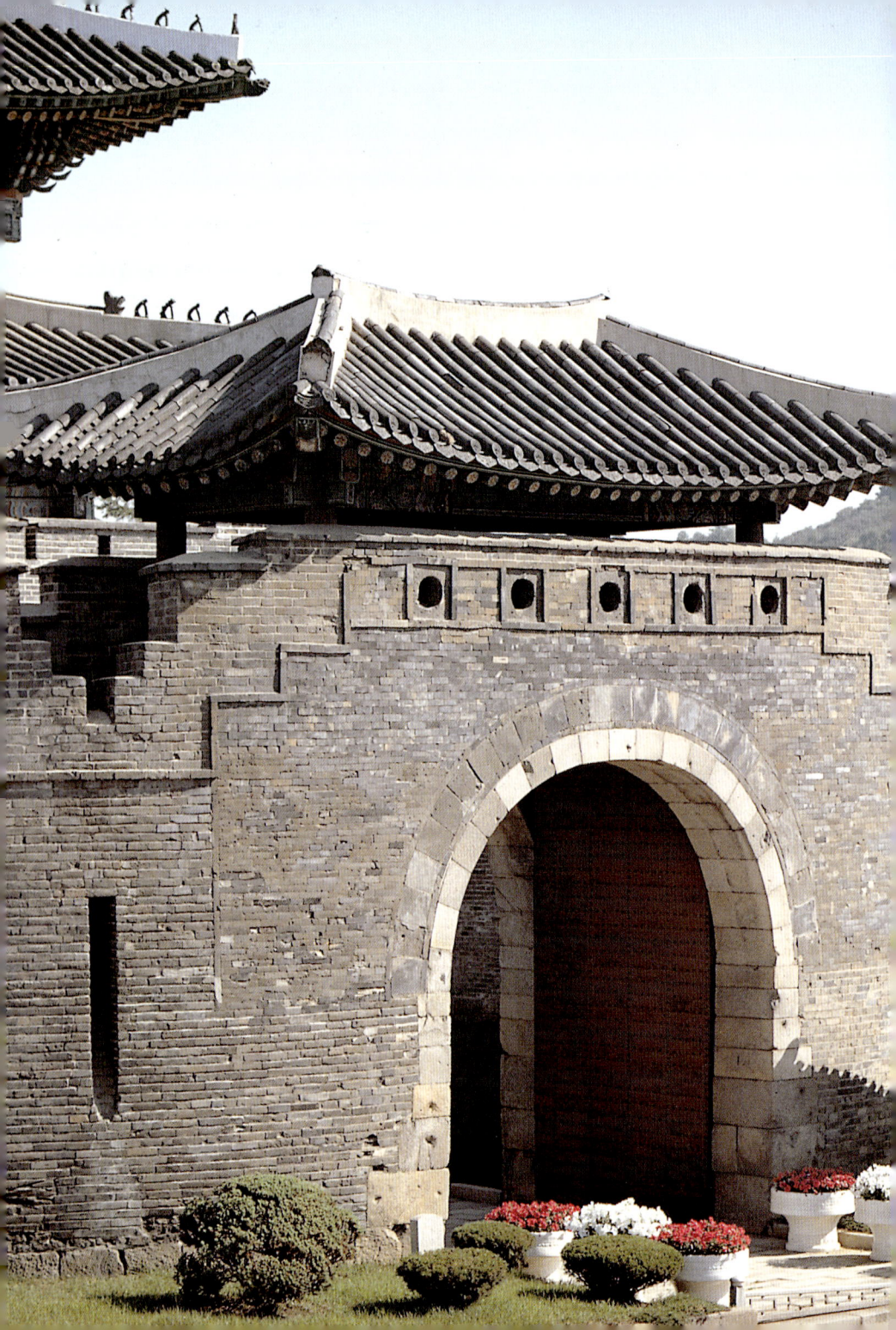

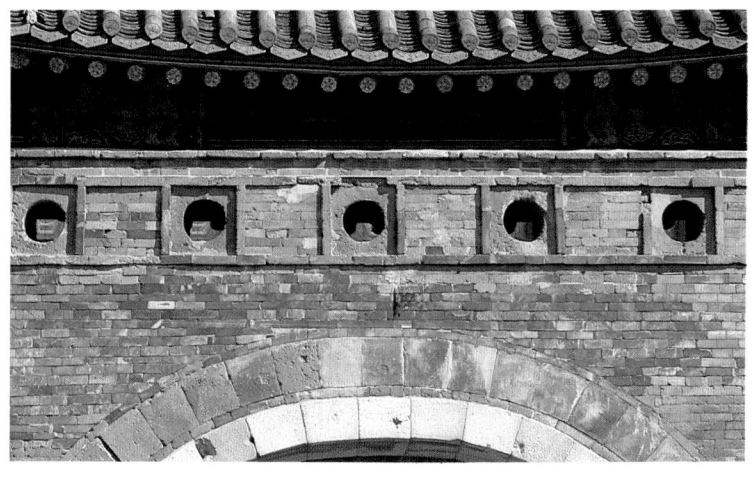

장안문 홍예 부분 「화성성역의궤」에 의하면 장안문은 높이가 17척 5촌, 너비 16척 2촌, 두께는 40척이다. 이 문의 아치는 두 짝의 나무 문을 달고 큰 나무 빗장을 걸었다.(왼쪽)
오성지 옹성 아치 상부에 설치된 누조(漏槽)로, 적이 성문에 불을 질러 파괴하려 할 때를 대비하여 만든 것이다.(오른쪽)

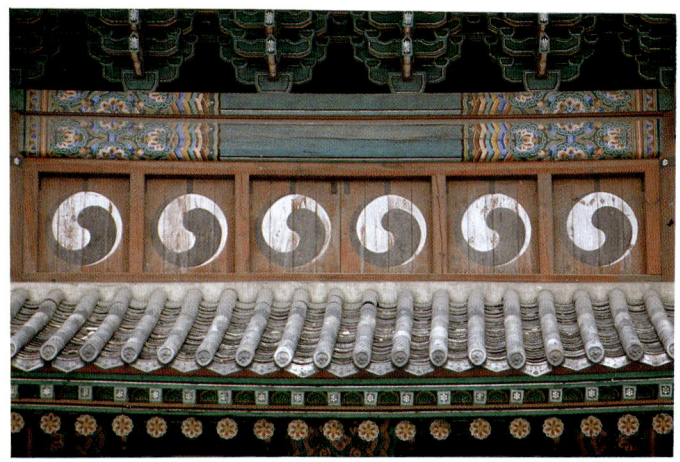

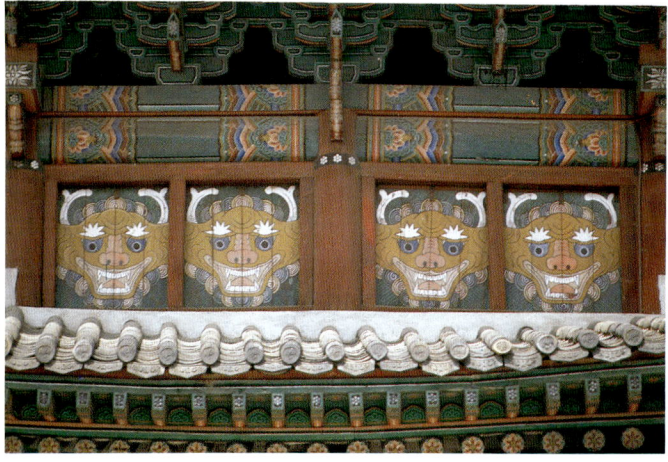

판문 위는 장안문 문루의 측면이고, 아래는 팔달문 문루의 측면이다. 수원 화성의 문
　루는 사면에 판문(板門)을 대고, 문에 짐승이나 태극 무늬 중의 하나를 그려넣은 것
　도 특징이다.(왼쪽)
팔달문 남쪽을 향해 난 성문으로, 크기나 형식은 장안문과 같다. 이 문 역시 옹성의
　문과 성문이 맞뚫려 있다.(오른쪽)

12

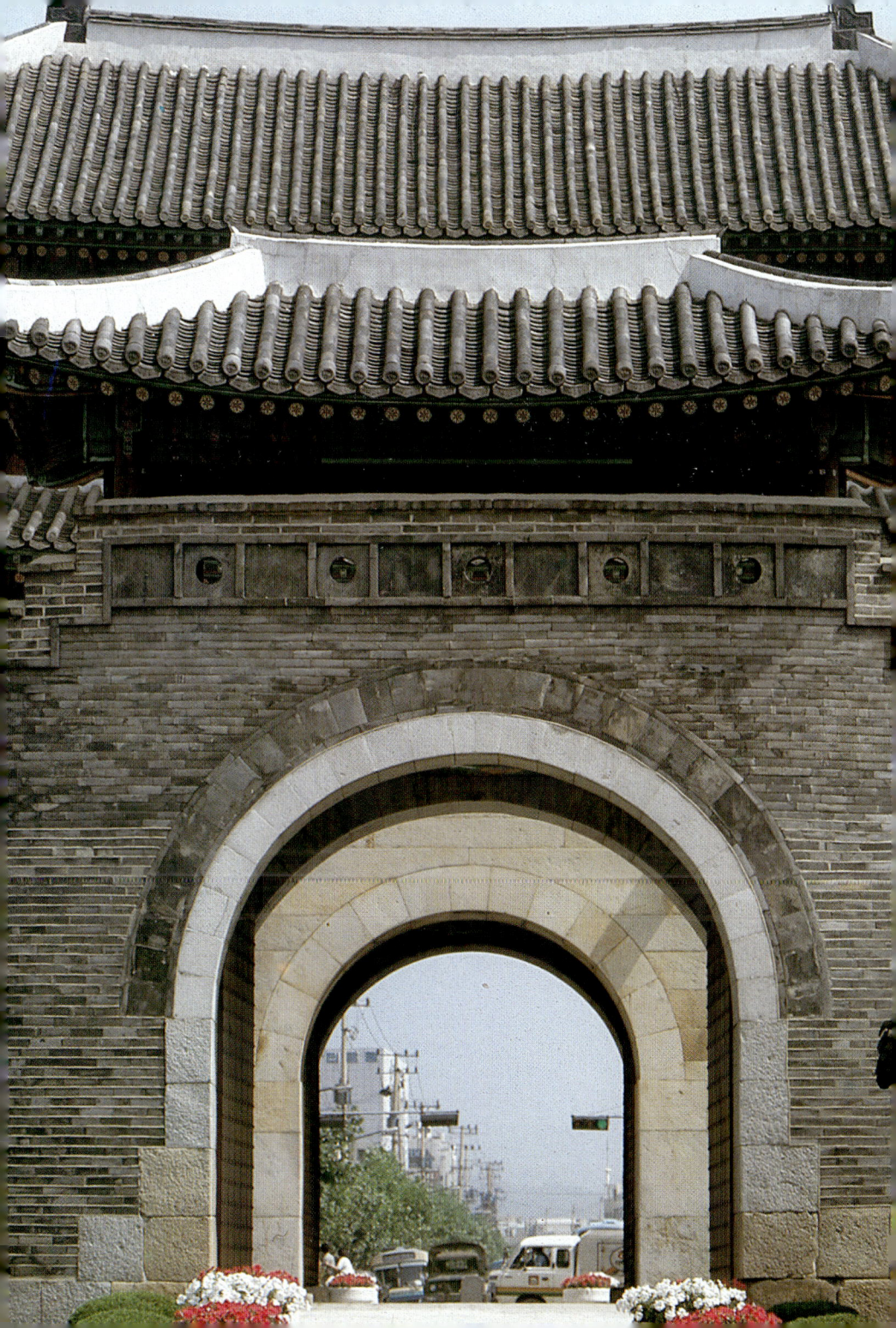

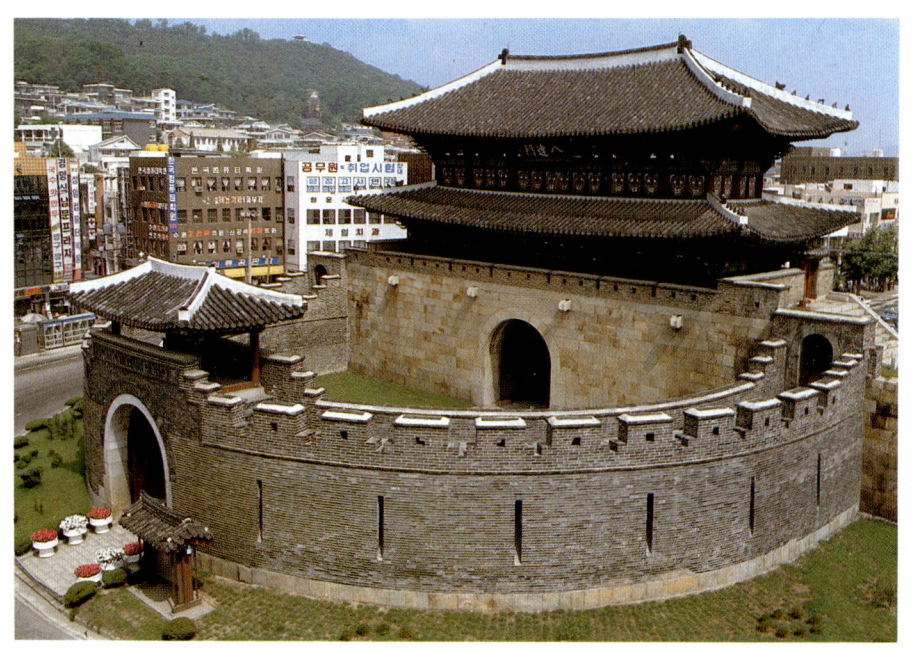

팔달문 옹성 　반원형의 옹성을 전돌로 쌓고 문 좌우에 적대를 설치하였다. 오른쪽은
　적대에 이르는 문으로, 성가퀴와 통행로 그리고 홍예 부분까지를 전돌로 쌓은 구조미
　를 보여 준다.

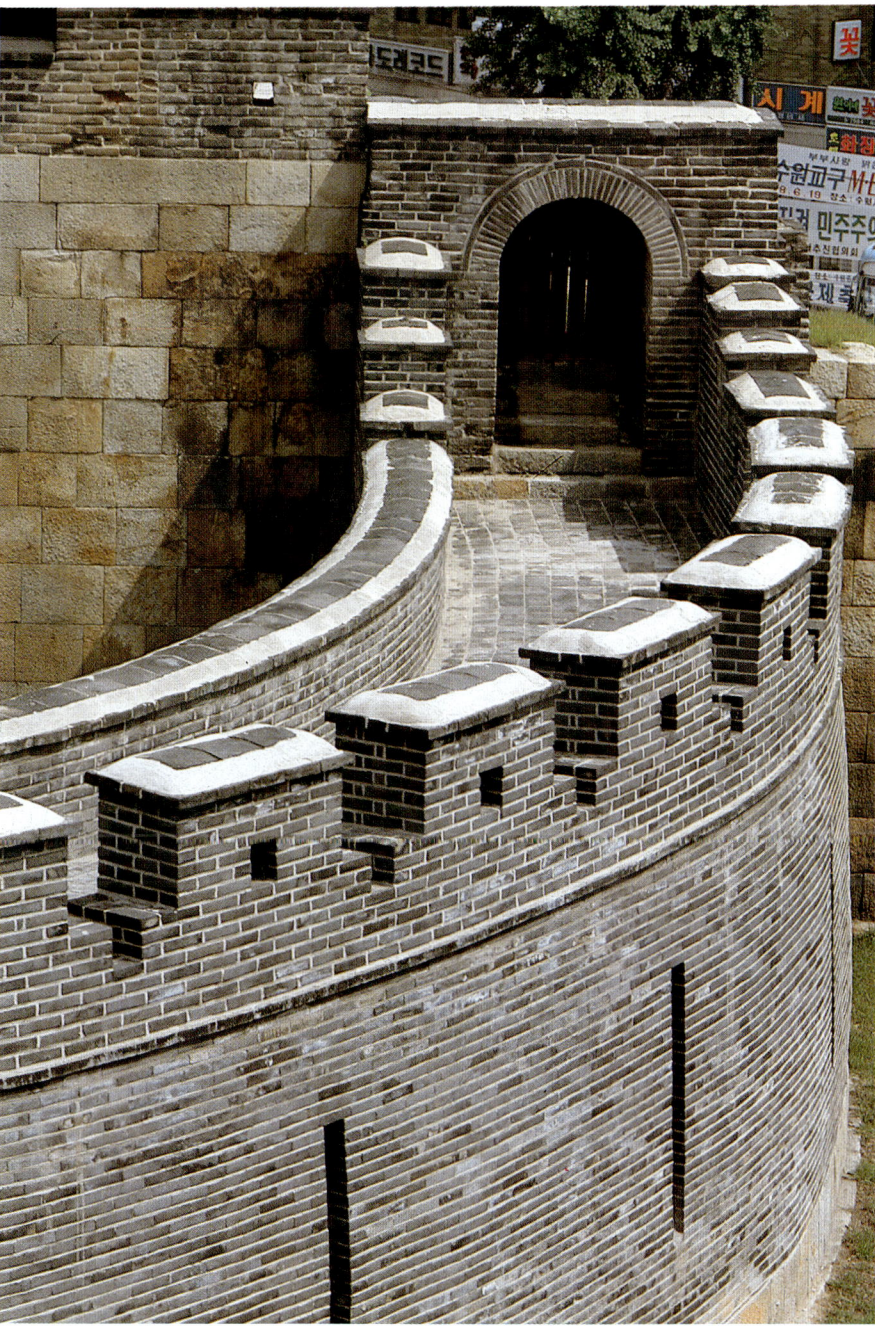

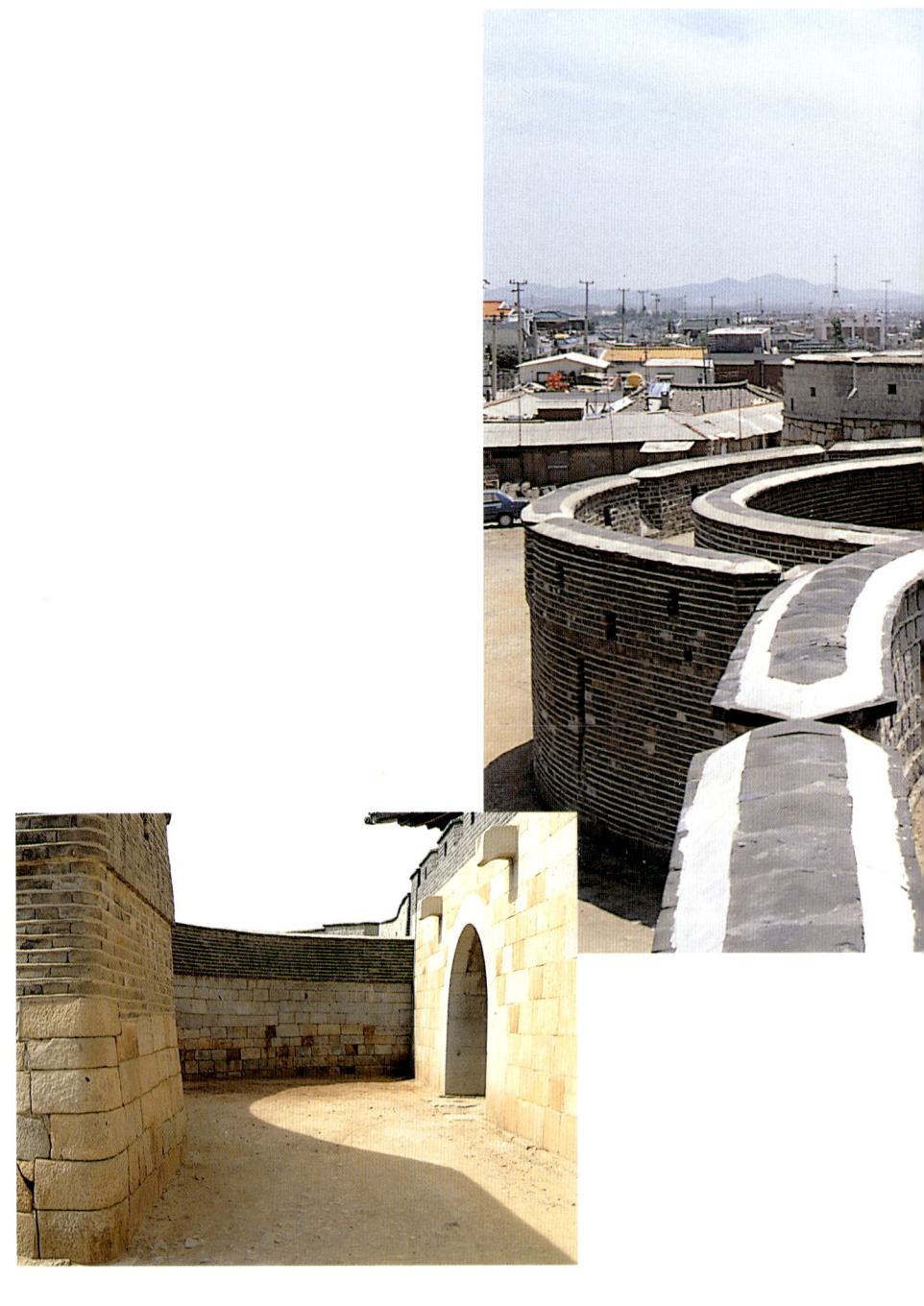

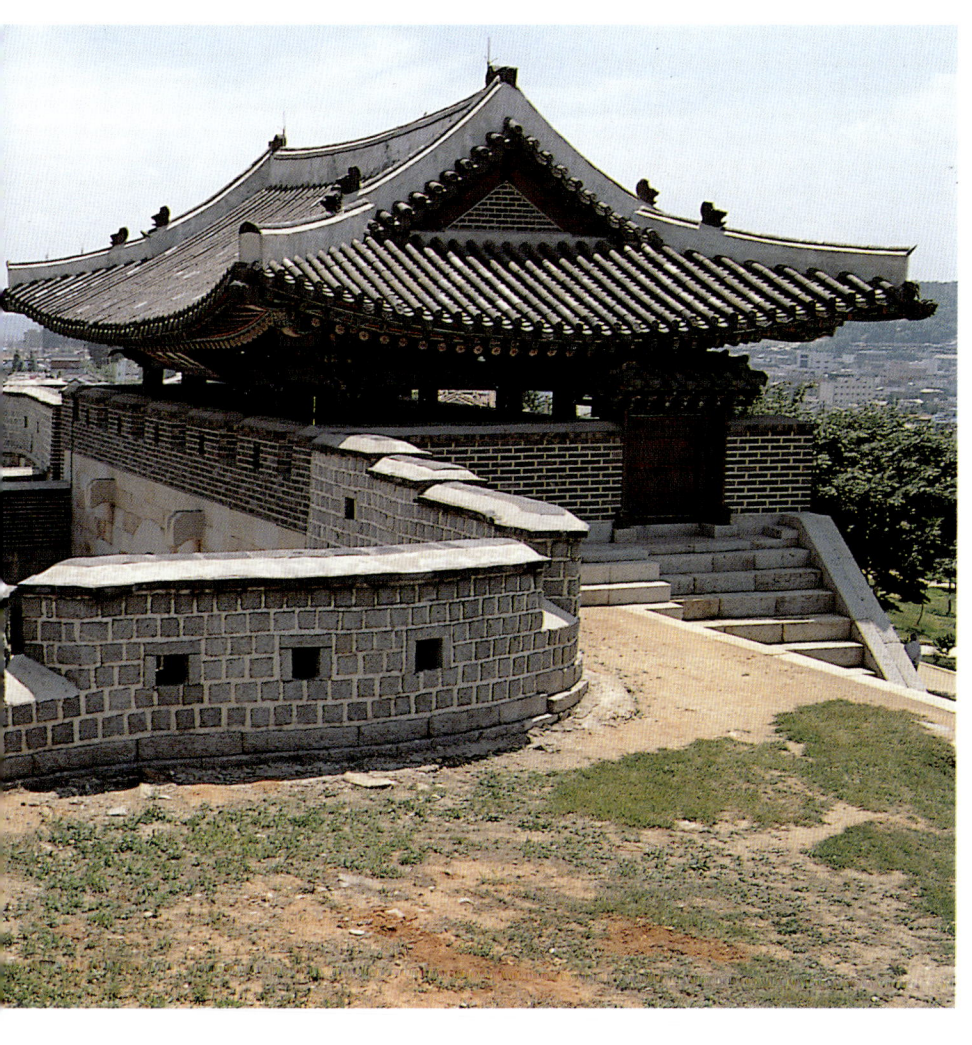

창룡문 동문인 창룡문은 규모도 작고 형태도 간략한 편이다. 역시 옹성이 있는데 아치
문이 정면에 있지 않고 서울의 동대문처럼 왼쪽 모서리에 설치되어 있다.

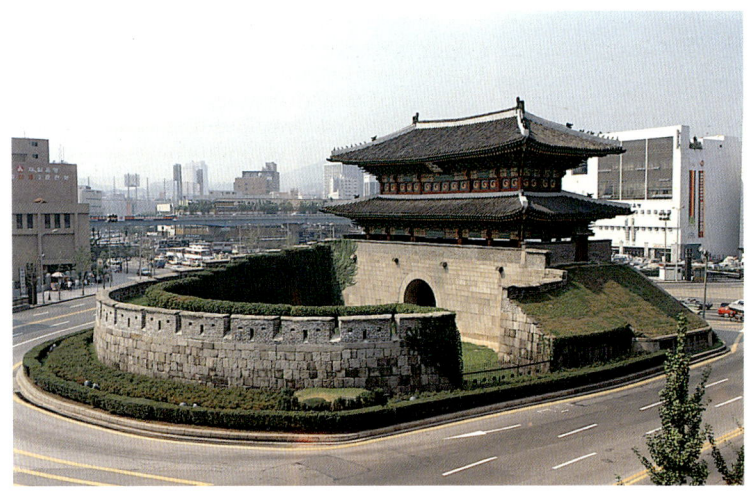

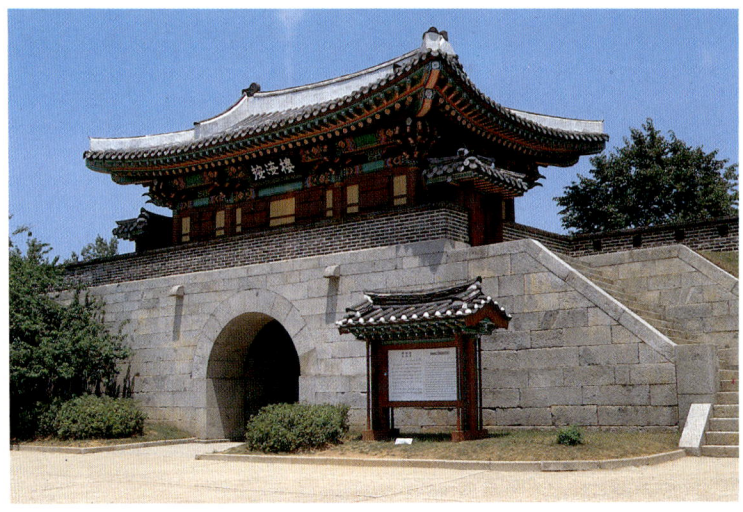

다른 성문들 위의 사진은 옹성이 있는 서울의 동대문이고, 아래 사진은 강화의 광성
　보 안해루이다.(왼쪽)

화서문 수원 화성의 서문으로 제도는 창룡문과 비슷하다. 다만 성벽의 일부가 휘어져
　있는데 지형에 맞추어 쌓은 까닭이다.(오른쪽)

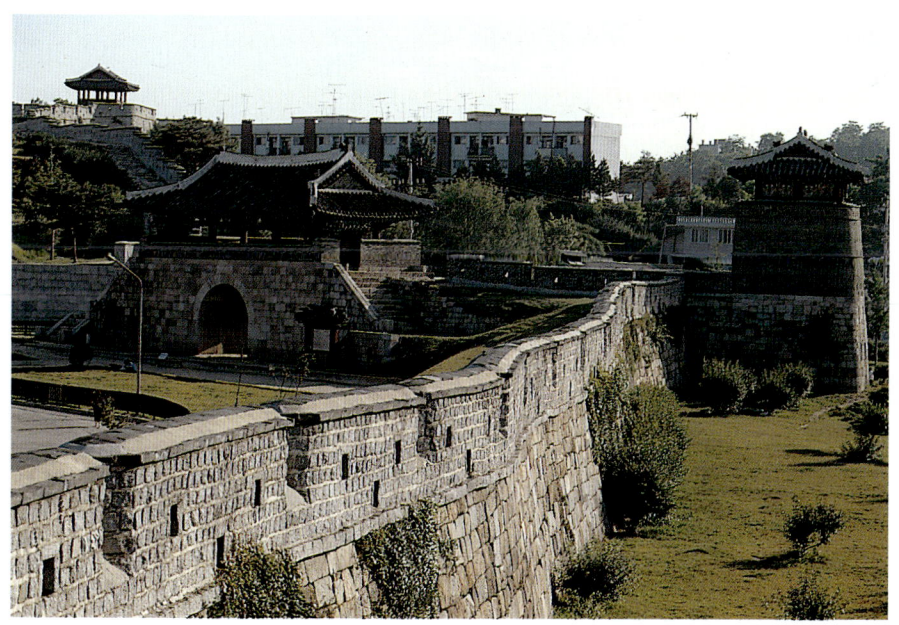

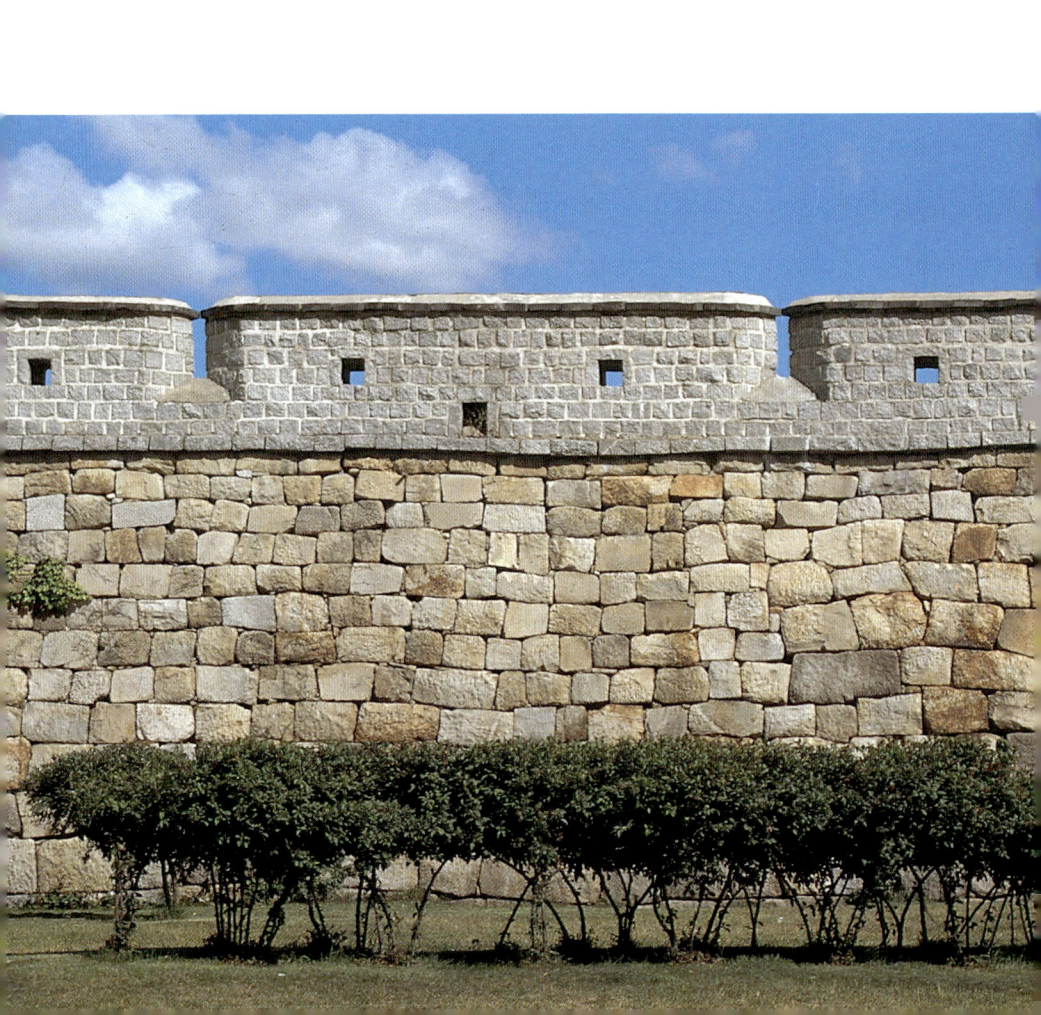

성벽 수원 화성의 성벽은 지형에 따라 다르지만 4 내지 6미터 높이로 쌓고 그 위에 1 내지 1.2미터 높이의 여장(女墻)을 쌓았다. 왼쪽은 성의 북쪽 성벽, 오른쪽은 서쪽 성벽이다.

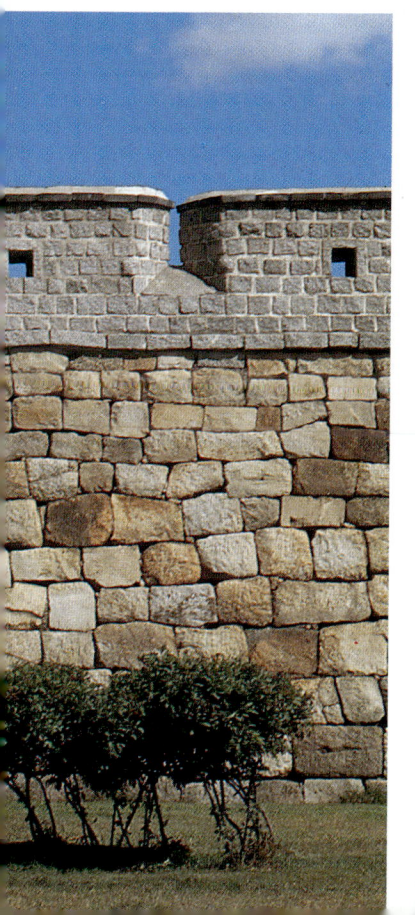

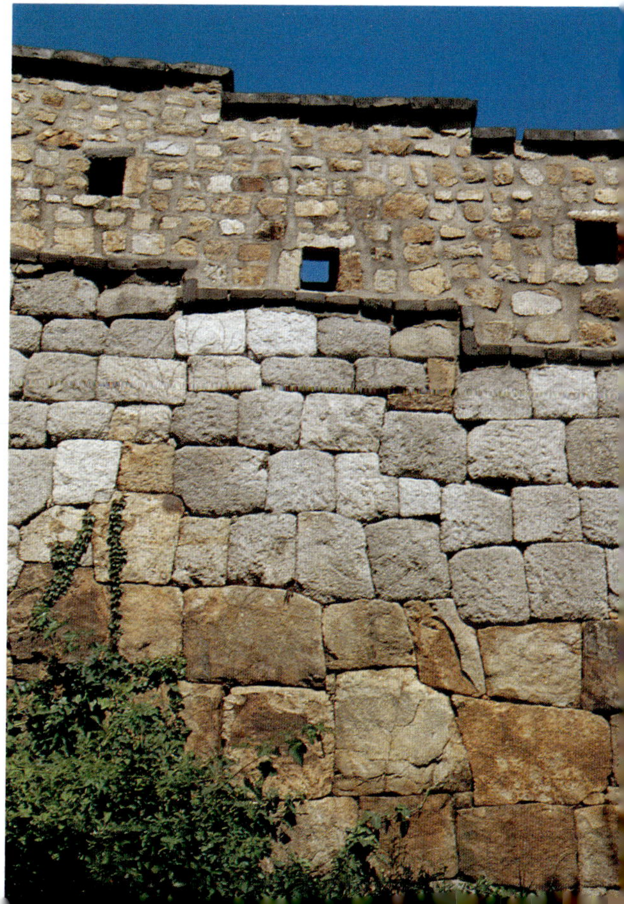

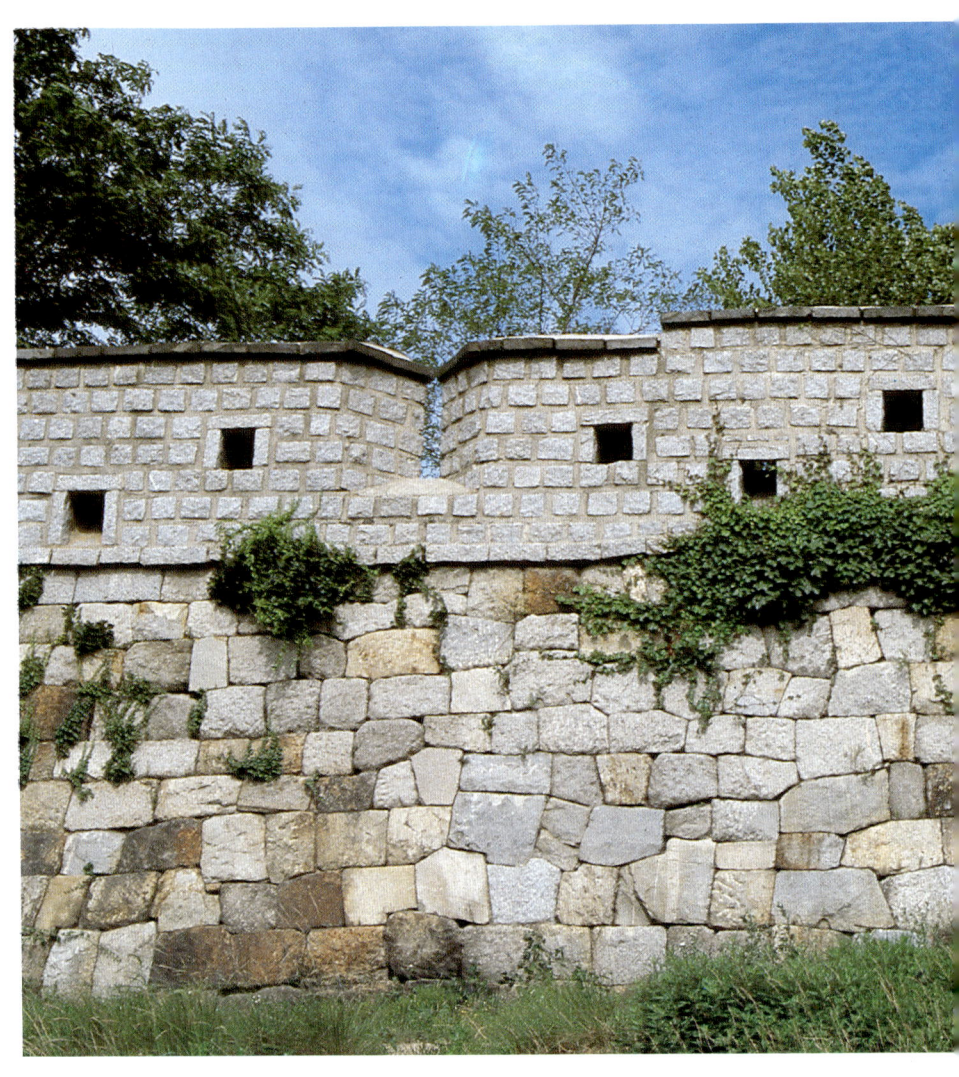

보수한 성벽 성벽 아래는 큰 돌로, 위는 작은 돌로 쌓되 위로 갈수록 벽면이 들어가게
했다. 희고 반듯한 돌은 보수한 석재이고, 불규칙한 형태가 맞물린 것은 축조 당시의
돌이다.(왼쪽, 오른쪽)

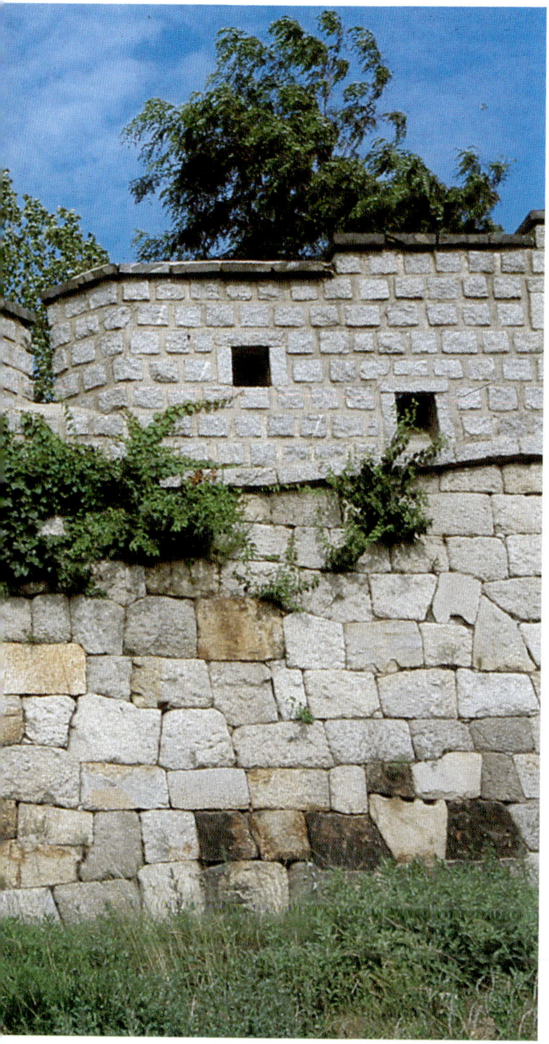

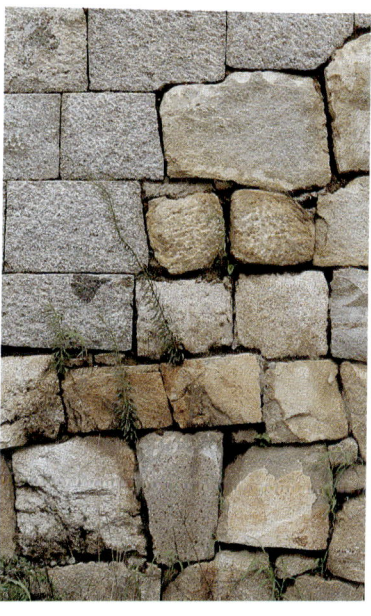

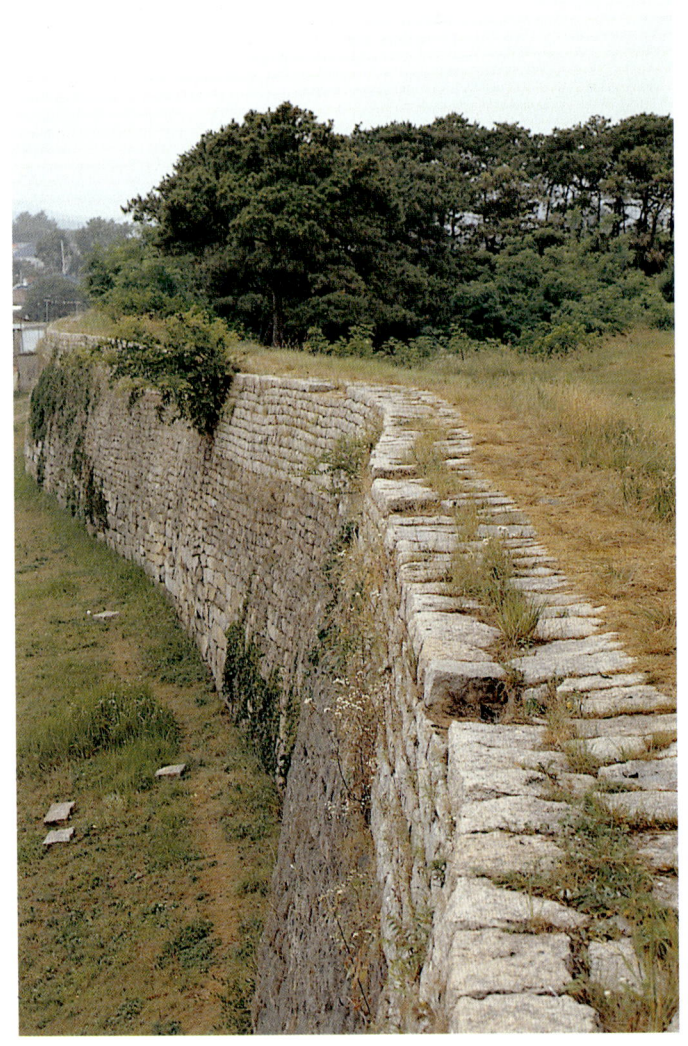

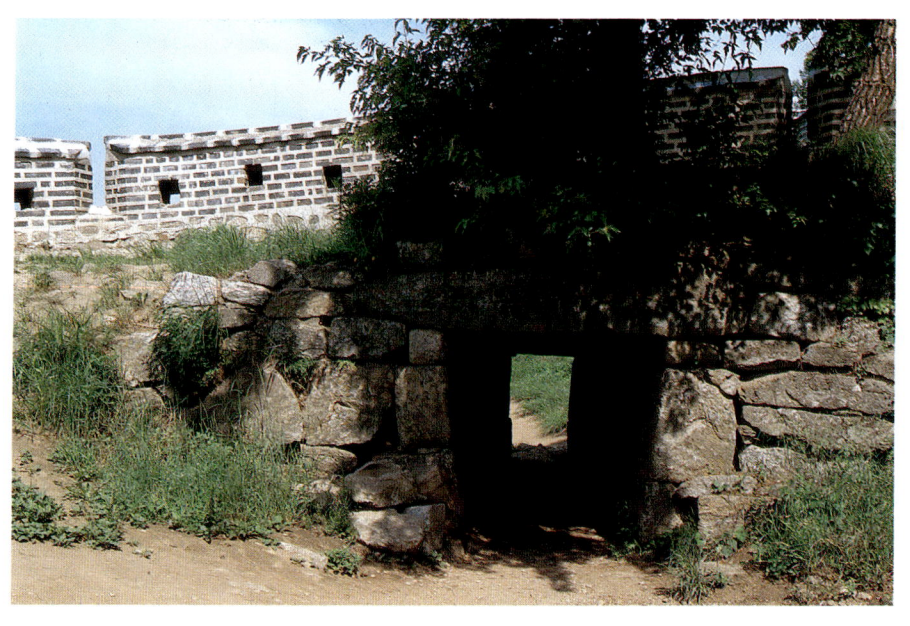

다른 성의 성벽　왼쪽은 홍주성 남쪽 성벽의 일부이다. 역시 화강석을 재료로 하여 쌓았는데 성 안과 밖의 땅 높이가 다르다. 오른쪽은 남한산성의 암문으로 크고 불규칙한 돌로 쌓은 성벽의 중간에 문을 낸 것이다. 이러한 성벽은 모두 지형을 이용하여 성벽을 높게 한 예이다.

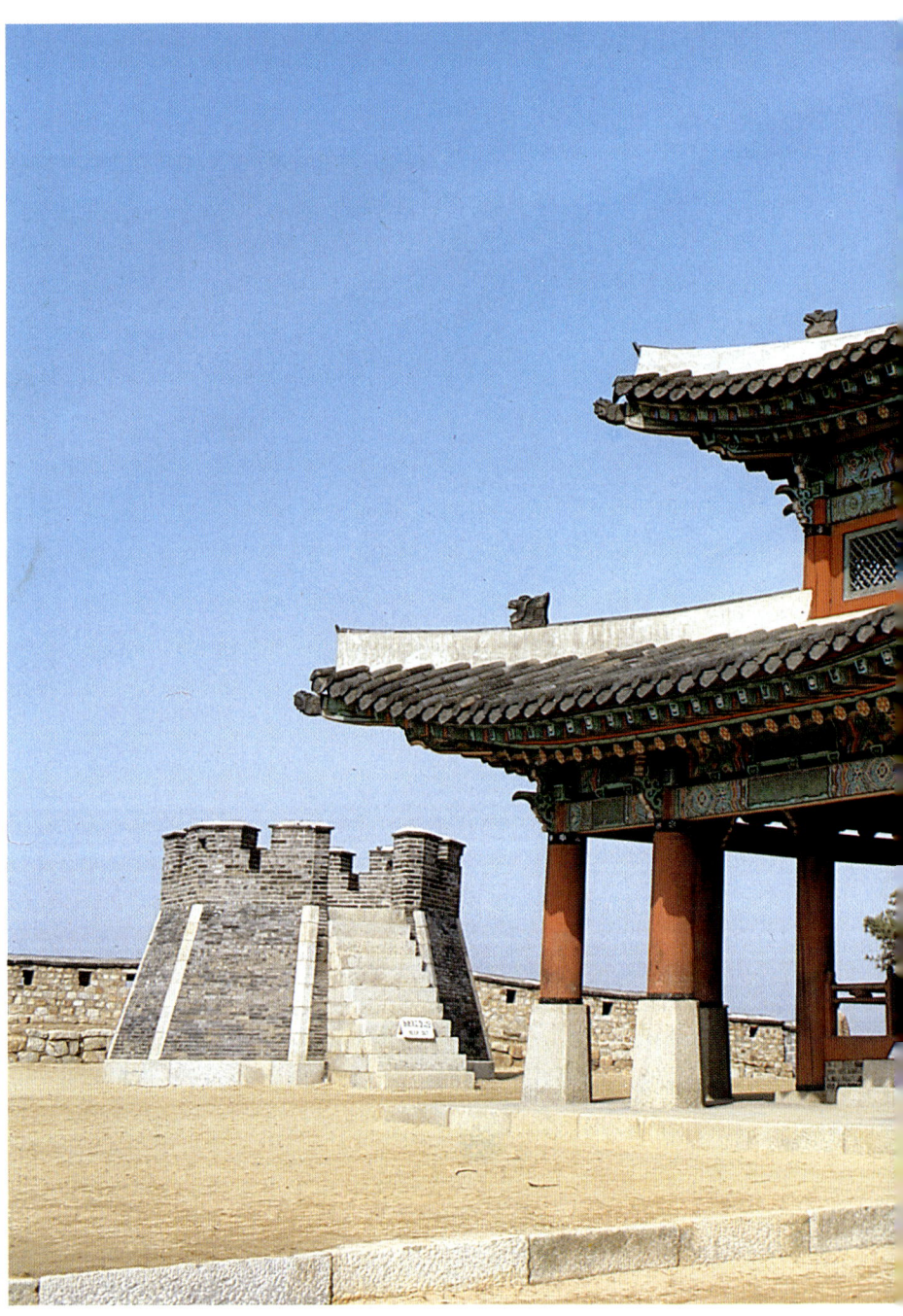

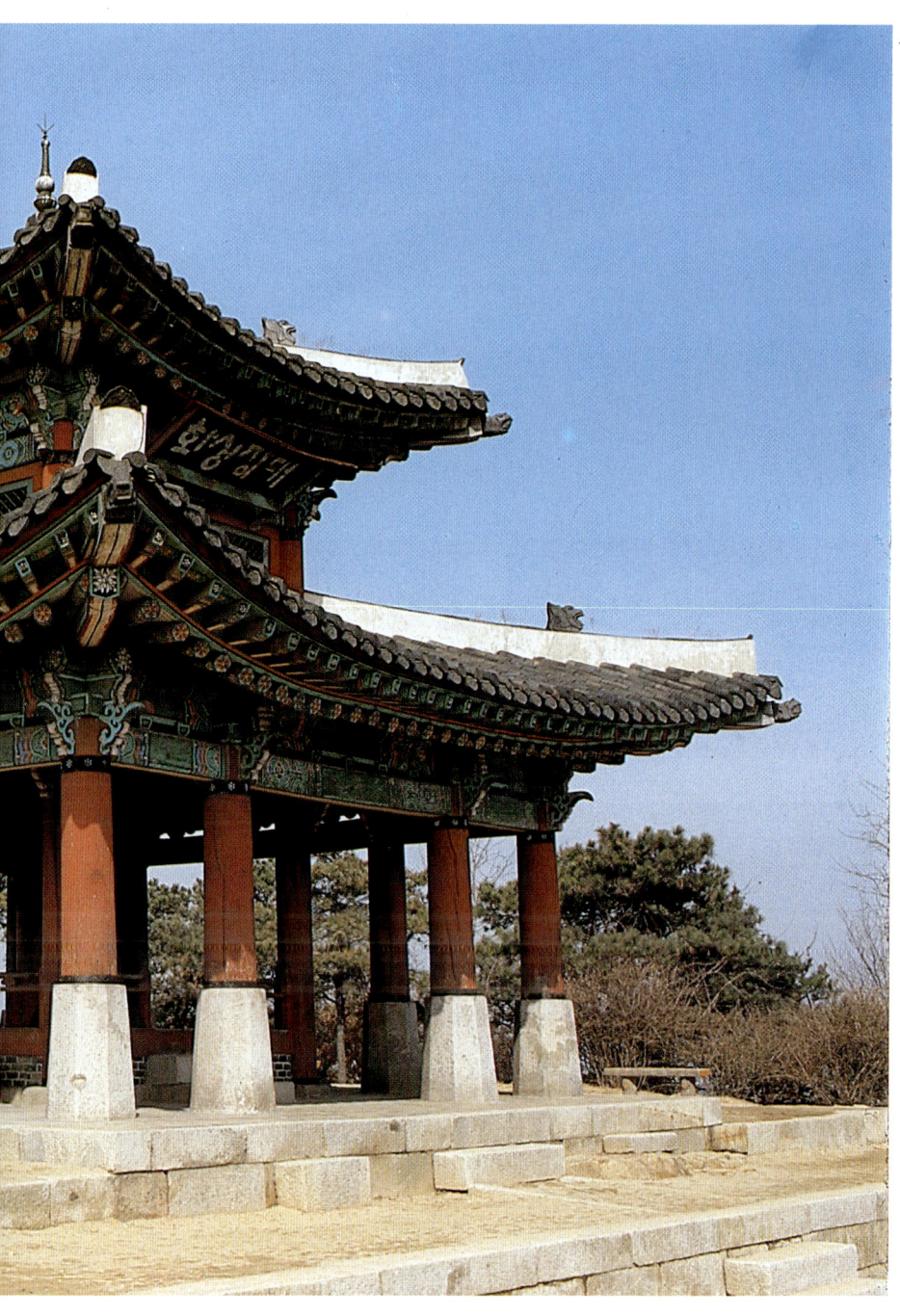

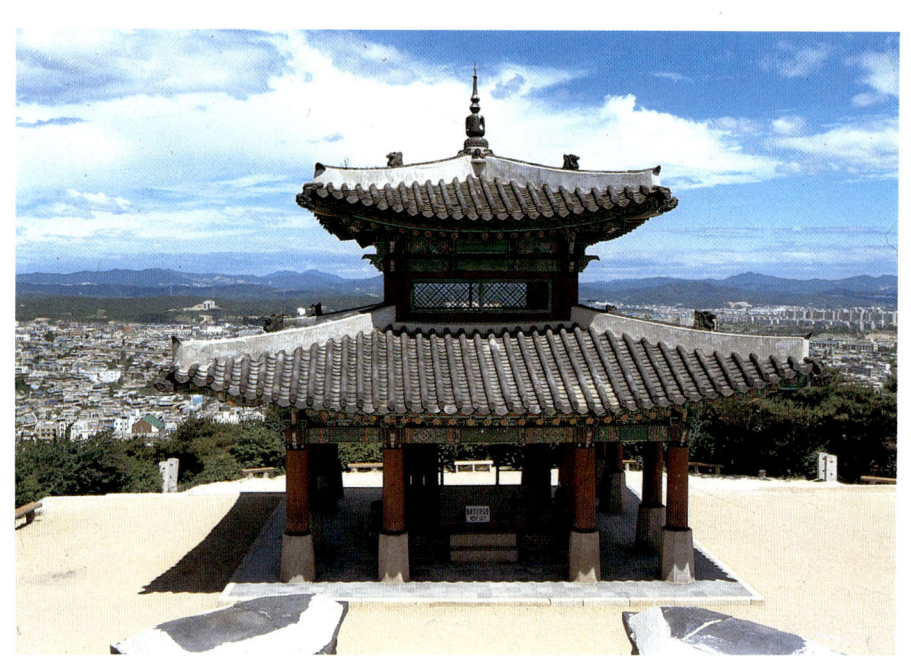

서장대 팔달산 정상에 자리하고 있어 성의 안팎이 한눈에 들어오는 위치이다. 성 주변 사방을 조망하면서 장병들을 지휘하는 곳이다.(앞, 위)

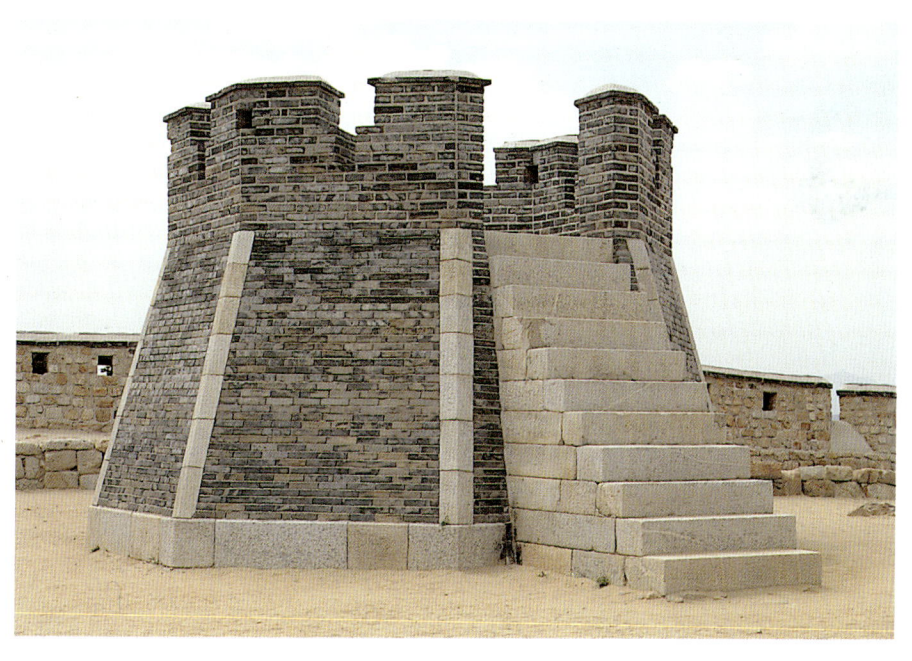

서노대 서장대의 뒤편에 선 노대(弩臺)는 쇠뇌를 쏘는 노수(弩手)가 머무는 곳으로, 전돌과 화강석을 이용하여 건축하였다.

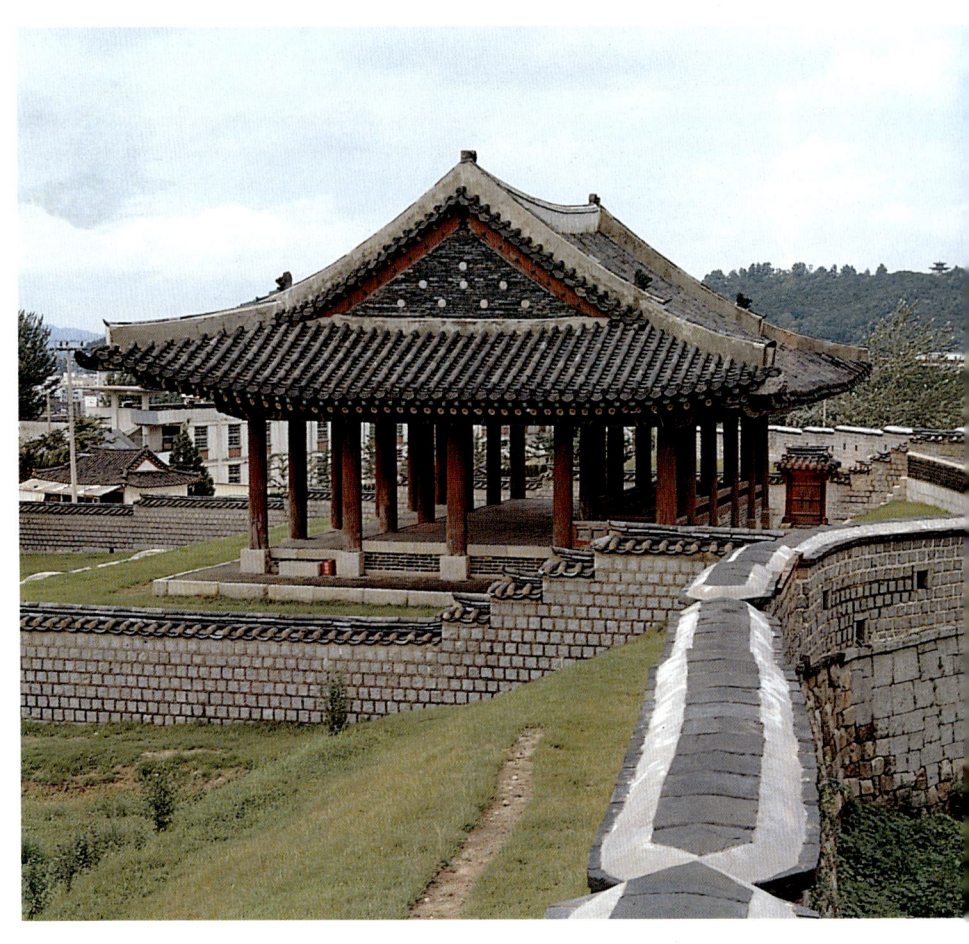

동장대　성의 동북간에 위치하고 있다. 건물 주변에 터를 넓게 잡아 동서 180보, 남북 240보의 조련장을 두었다. 역시 노대를 두었는데 치성 위에 전돌로 대를 높이 만들어 성벽 밖으로 돌출되어 있다.(왼쪽, 오른쪽 위)
수어장대　남한산성의 장대로, 하층이 개방된 형태이다.(오른쪽 아래)

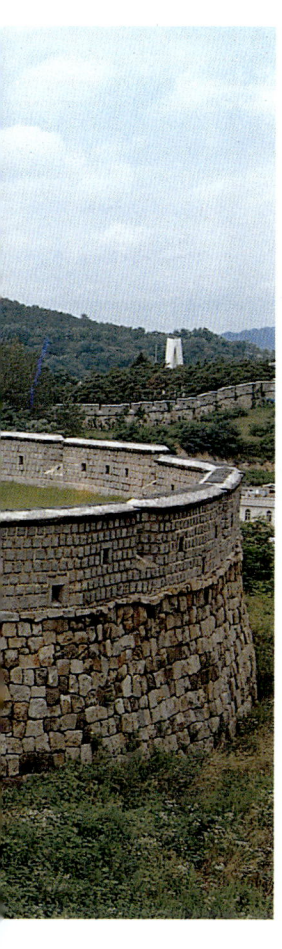

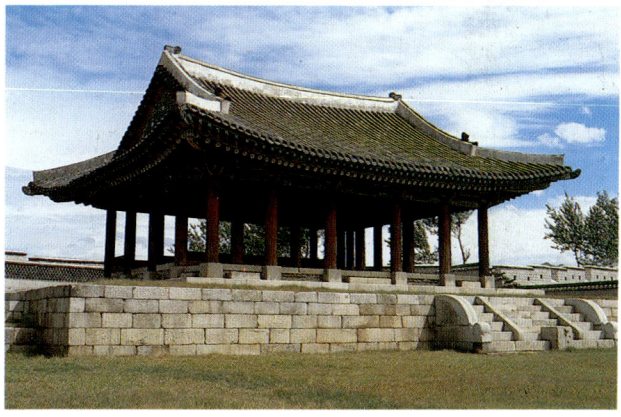

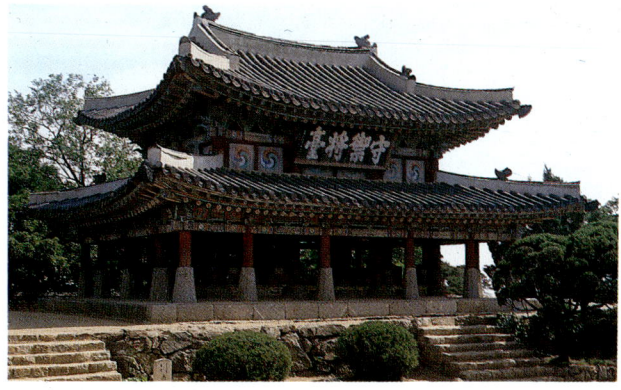

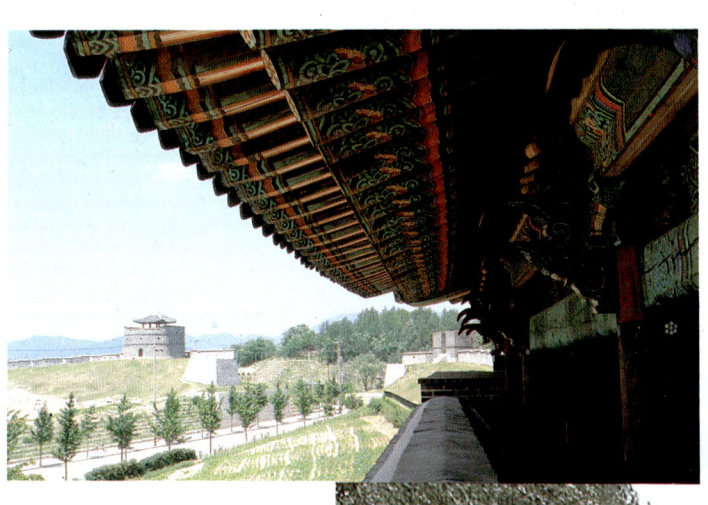

창룡문에서 본 동북 공심돈(왼쪽)
동장대와 동북 공심돈(오른쪽)

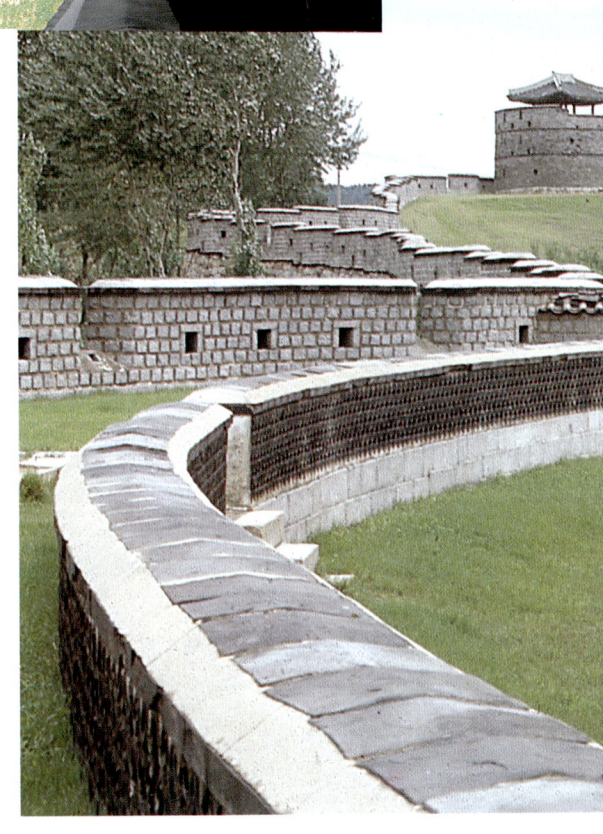

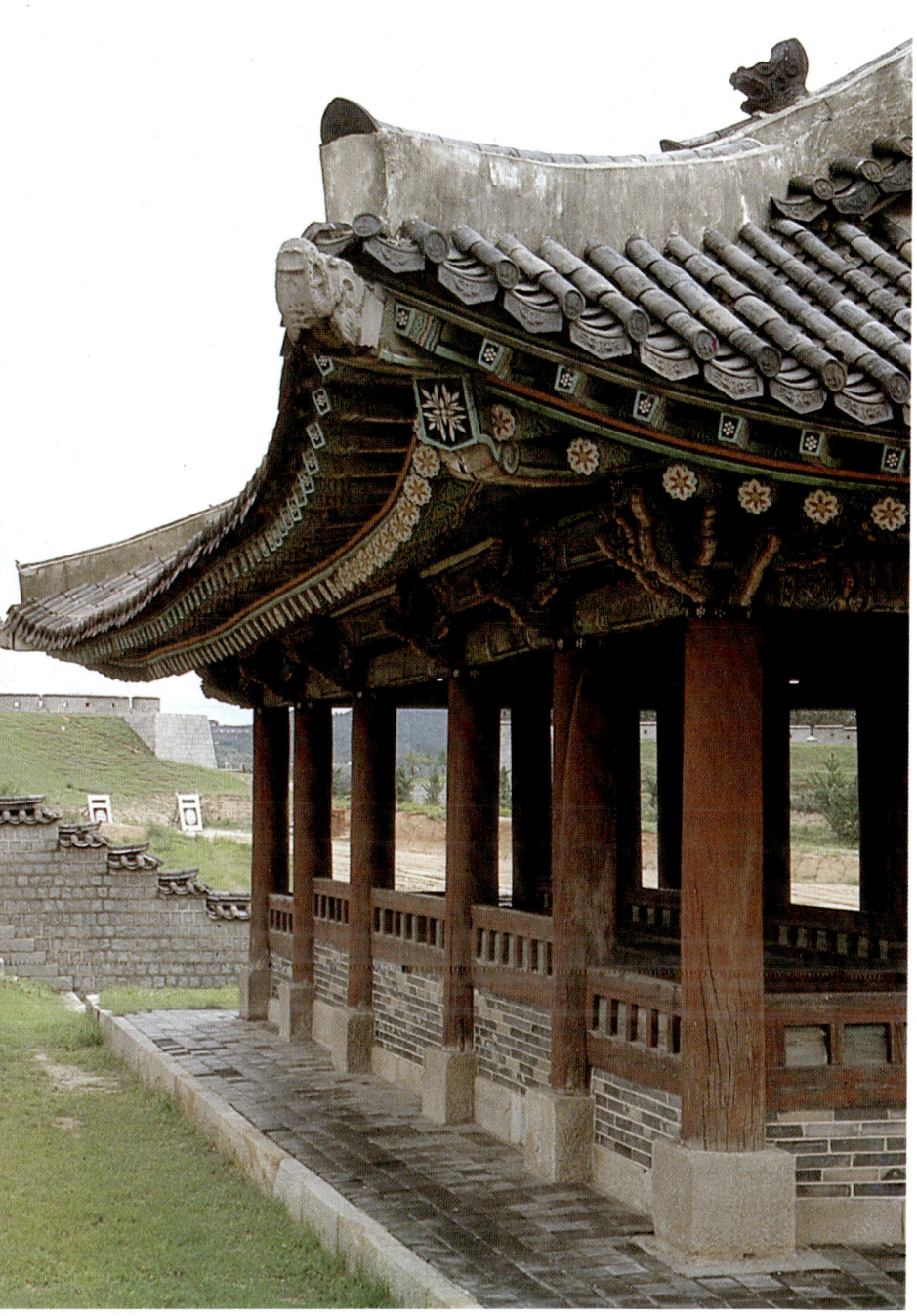

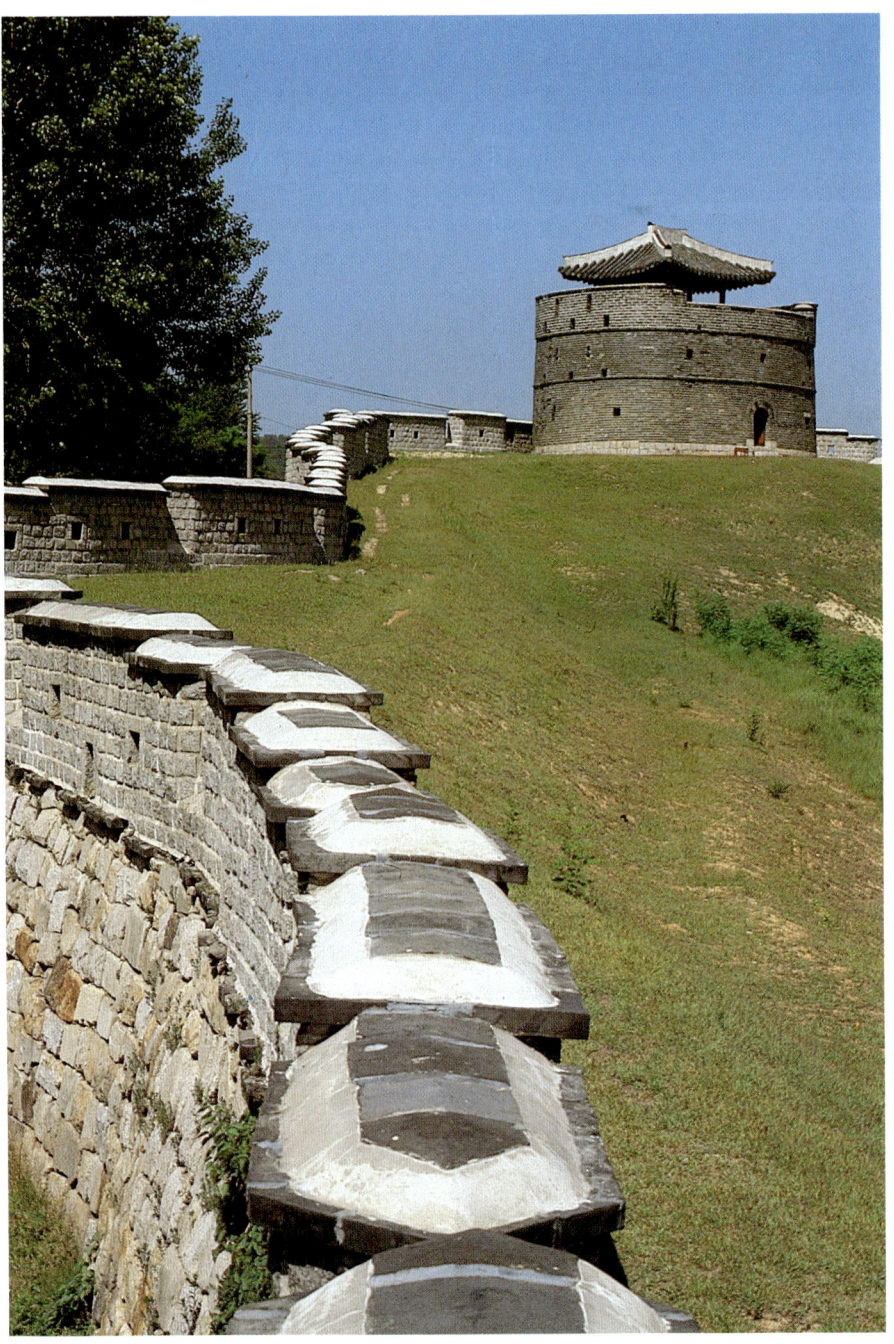

공심돈 돈(墩)은 일종의 망루와 같은 것으로, 속이 빈 돈대로는 우리나라에서는 수원 화성이 최초이다. 동북 공심돈은 큰 원통 모양으로 수원 화성에서 가장 특이한 건물의 하나이다. 동장대 옆 동북 노대 서쪽에 위치하는데 중국 요동 지방의 계평돈을 모방하여 전돌로 둥그렇게 만들었다.

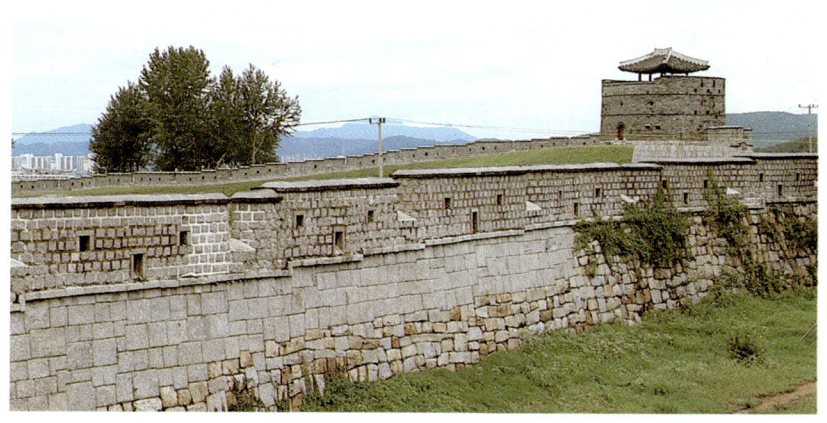

동북 공심돈 높이 17척 5촌, 바깥 둘레 122척, 벽의 두께 4척, 안쪽 둘레 71척인 동북 공심돈은 내부에 나선형의 계단을 설치하였다.

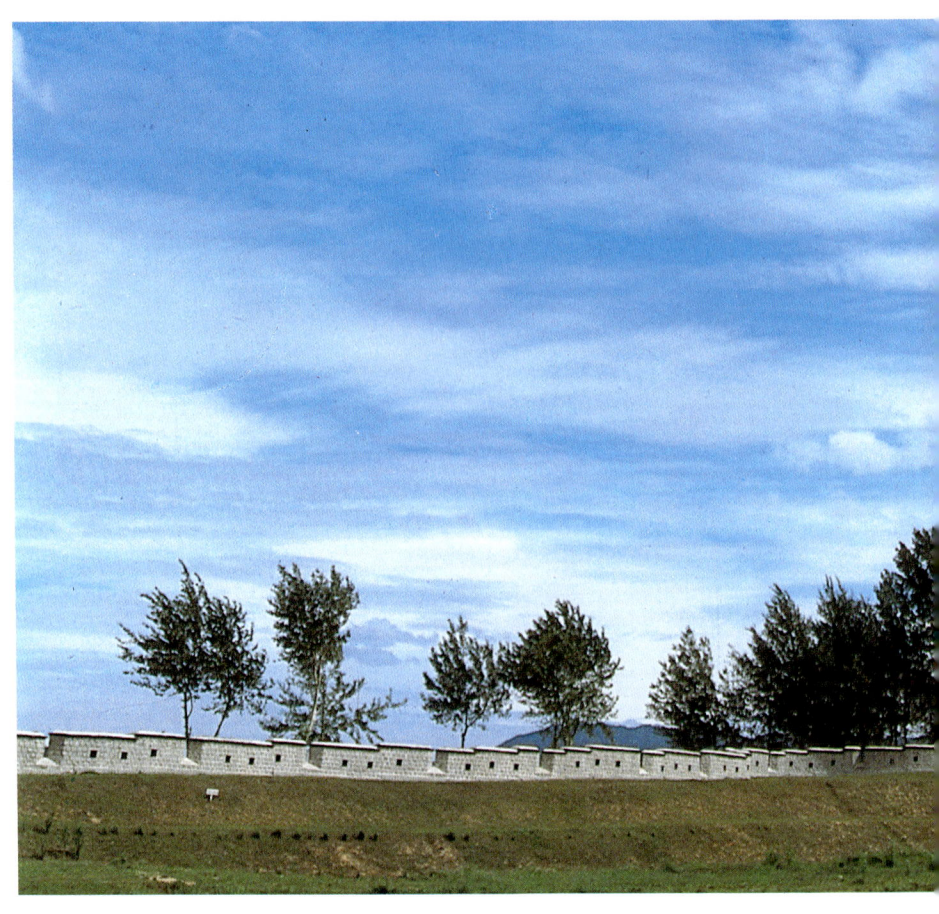

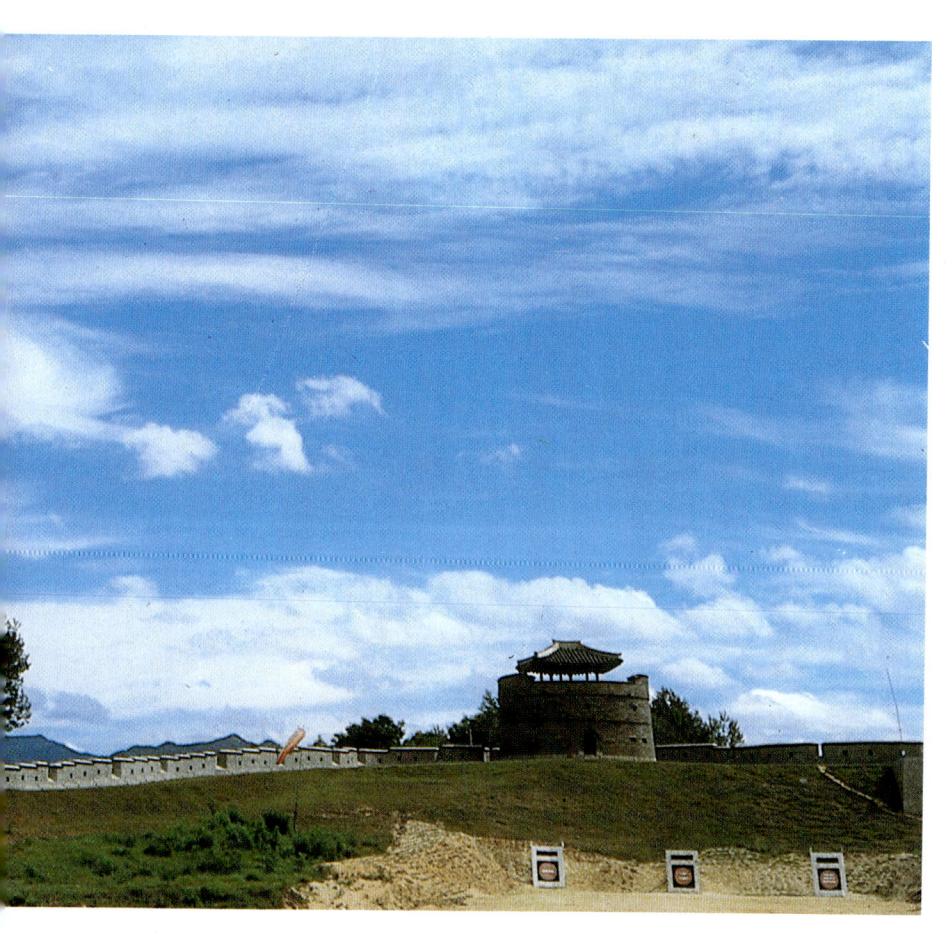

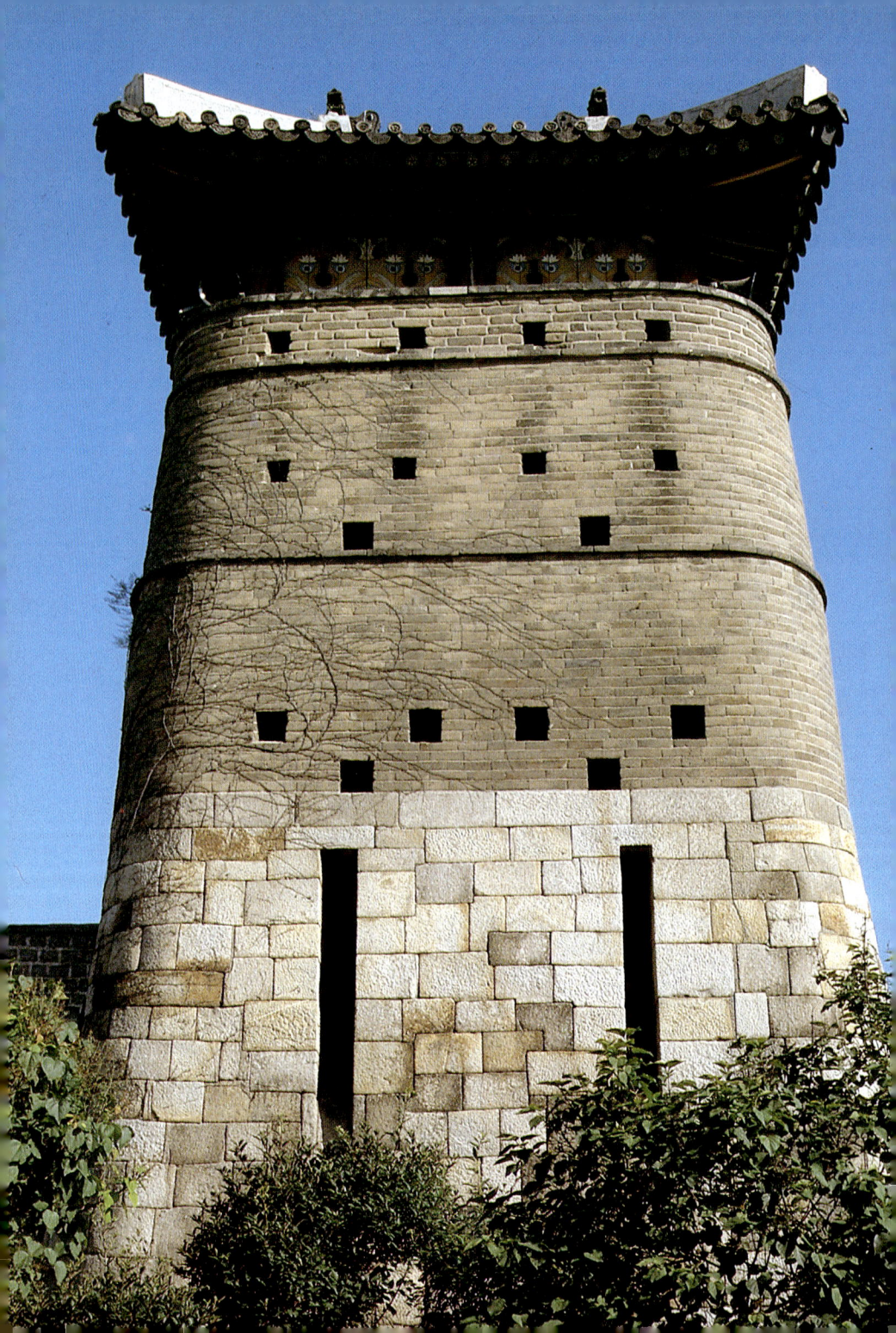

서북 공심돈 화서문 북치(北雉) 위에 전돌로 네모지게 쌓았다. 높이 18척, 아래 넓이 23척, 위의 넓이는 21척으로 위로 갈수록 좁아졌다. 내부는 3층으로 꾸며 2층과 3층 바닥에는 마루를 깔고 사닥다리로 오르내리게 하였다. (왼쪽, 오른쪽 위, 아래)

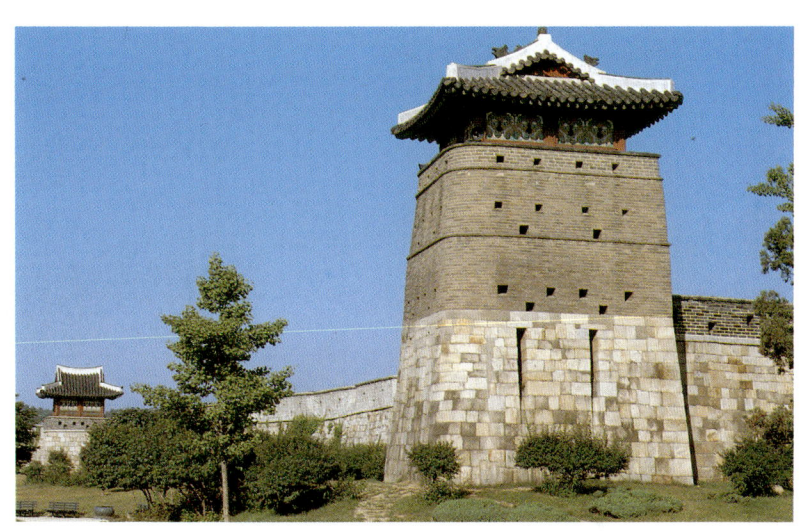

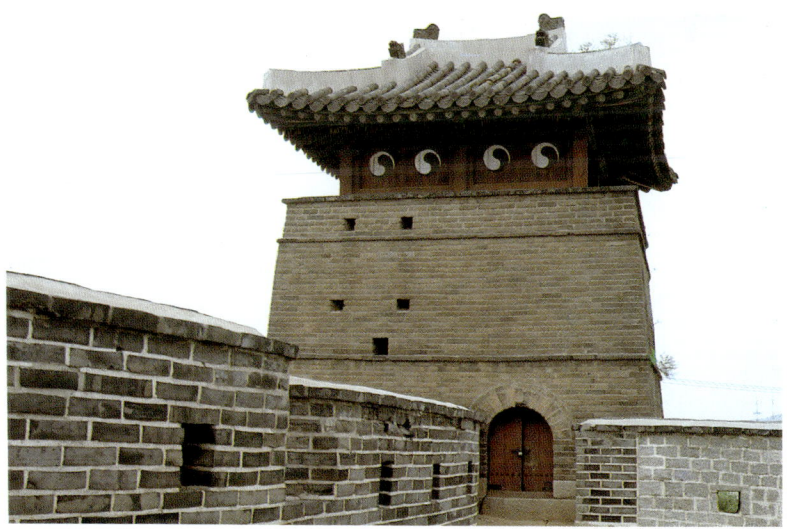

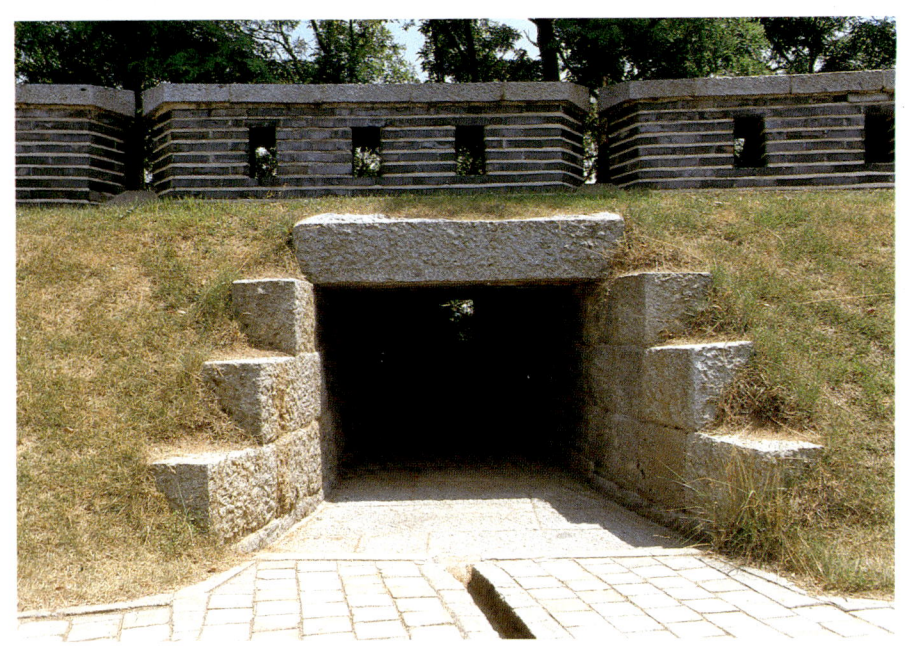

강화도 광성보 조선 후기 성곽 보완의 일환으로 강화섬의 주위 51개소에 새로이 돈
대를 설치하였다. 이러한 성곽 보완 노력은 나중에 수원 화성을 축조할 때 많은 영
향을 주게 되었다.

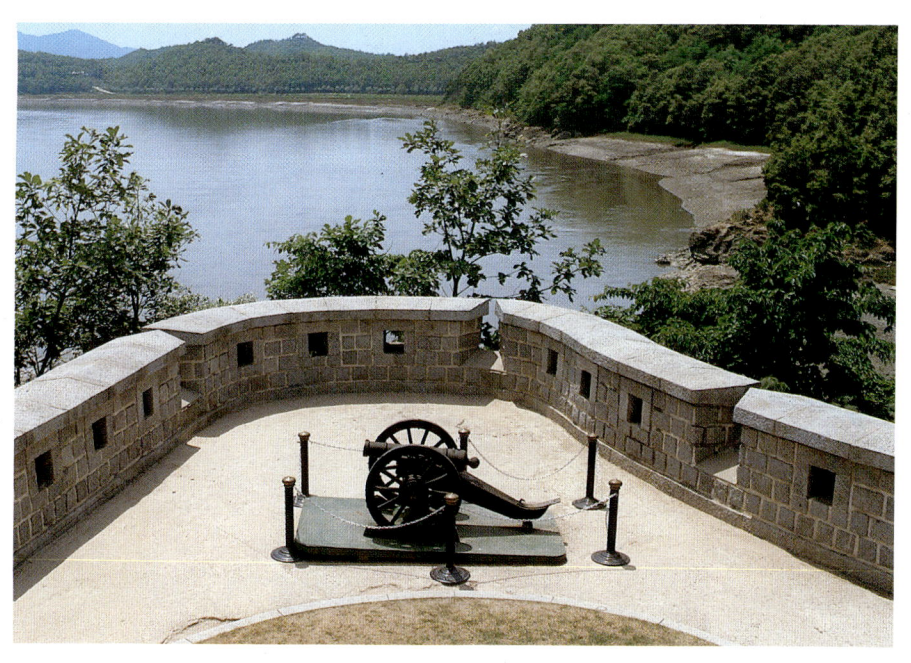

용두 돈대 강화도 광성보의 돈대이다. 17세기 후반에 강화의 성곽을 보수하면서 이전에 없었던 돈대를 설치하였다.

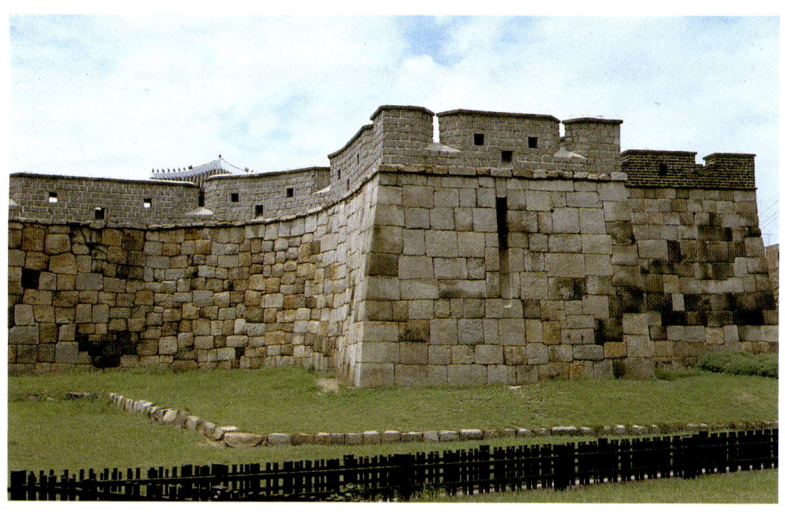

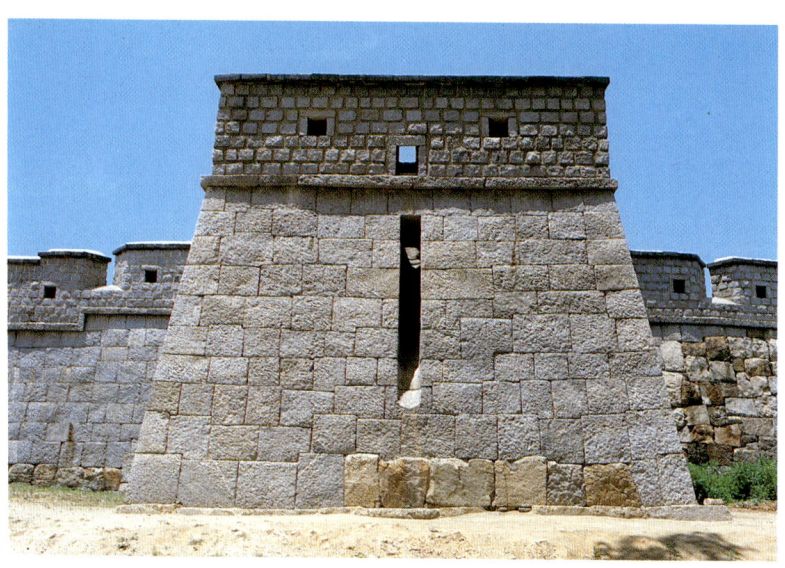

치성 성벽의 일부를 돌출시켜서 성벽에 접근하는 적을 측면에서 격퇴시킬 수 있도록 한 것이다. 이러한 치(雉)의 중요성에 대해서는 유성룡의 「징비록」에서 강조하고 있다.

왼쪽 위는 동 1치, 아래는 북동치, 오른쪽은 앞에서부터 서남 2치, 서남 1치, 서남 각루이다.

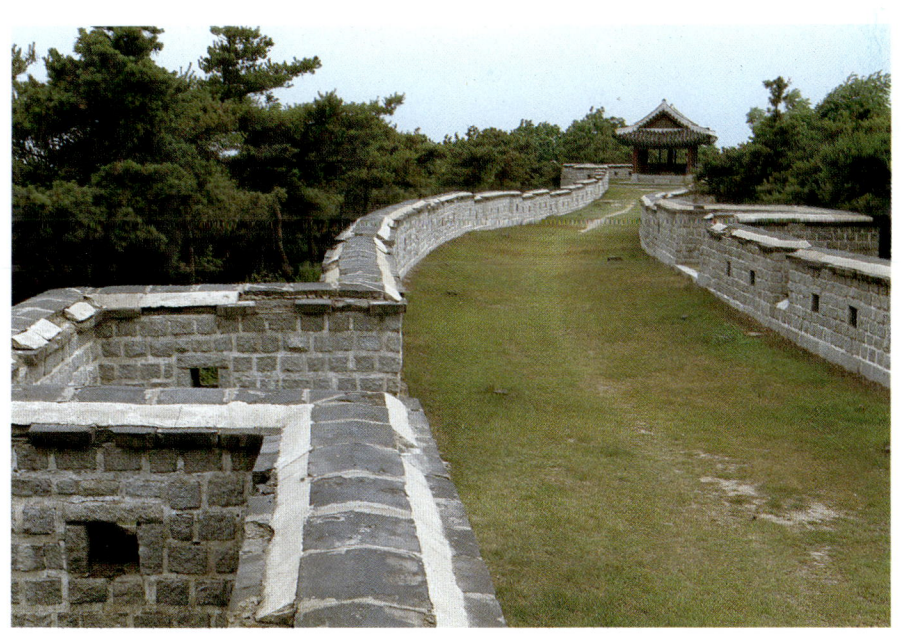

포루(砲樓)　성벽의 일부를 밖으로 돌출시켜 치성과 유사하게 하면서 내부를 공심돈과
같이 비워 그 안에 화포를 감추어 두었다가 적을 공격하도록 만든 것이다. 사진은
동포루의 모습이다.(왼쪽, 오른쪽)

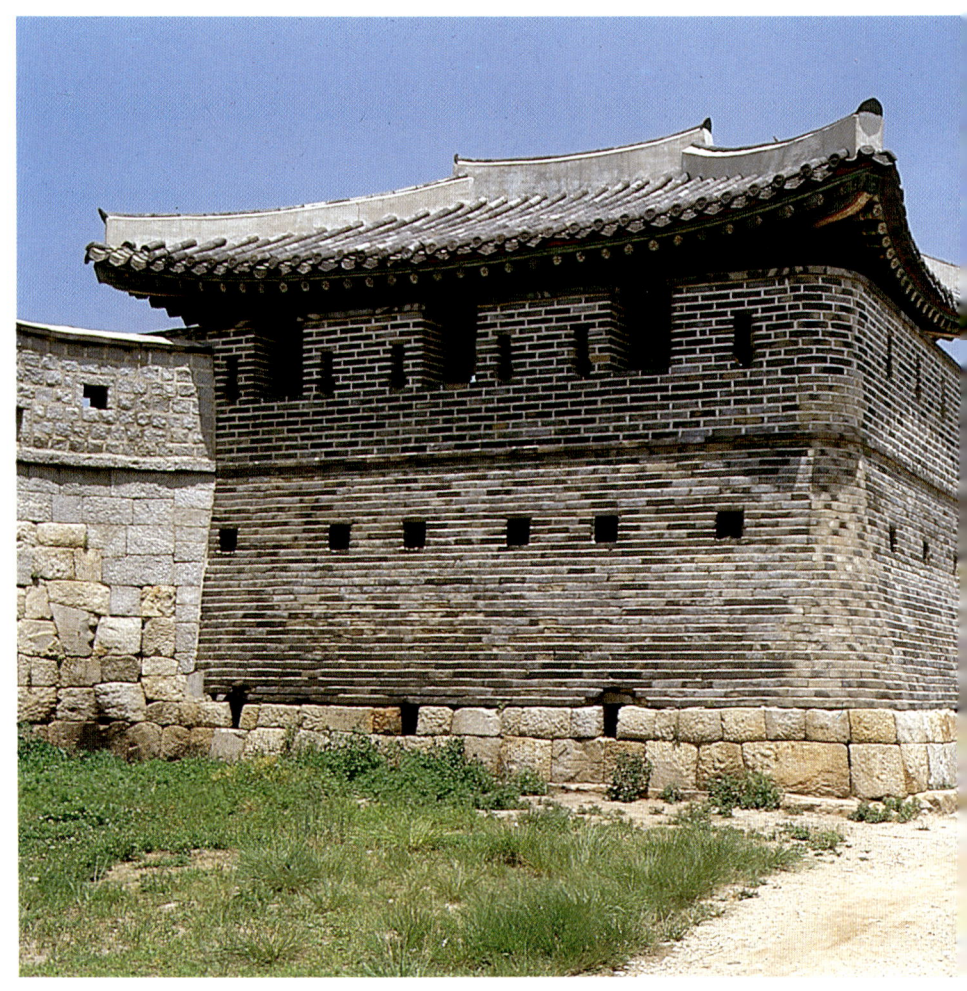

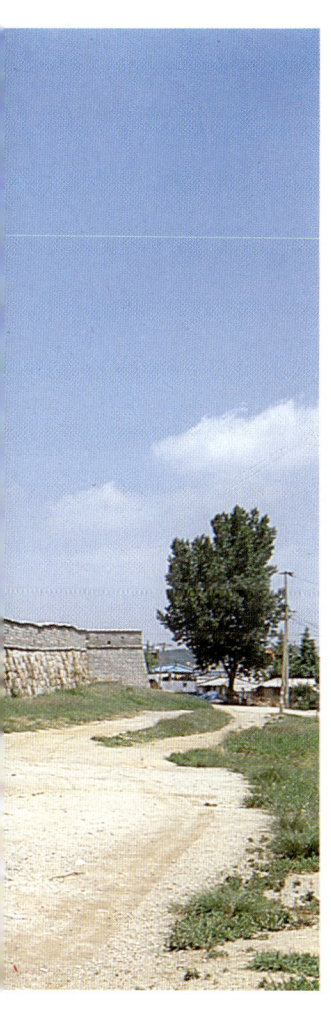

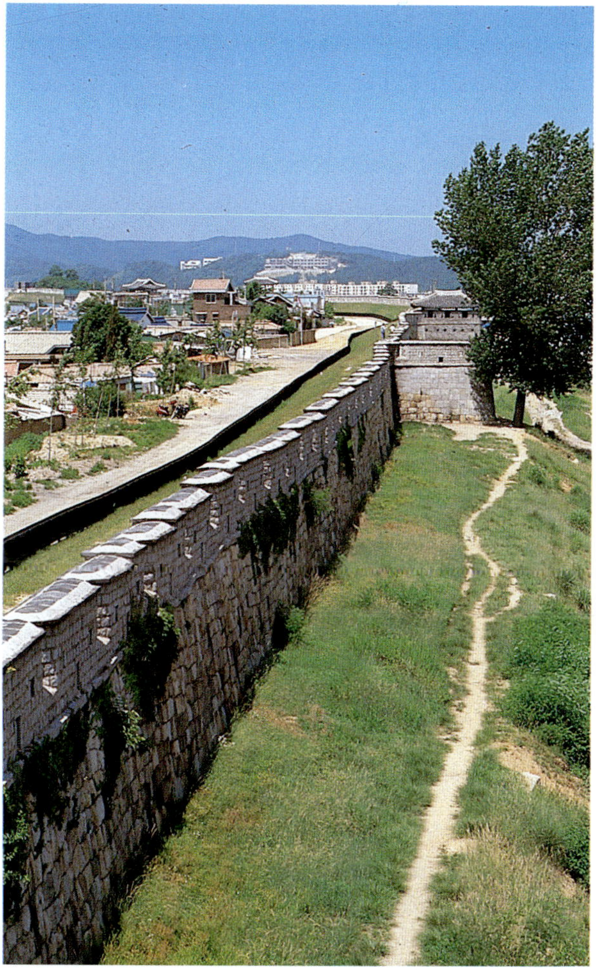

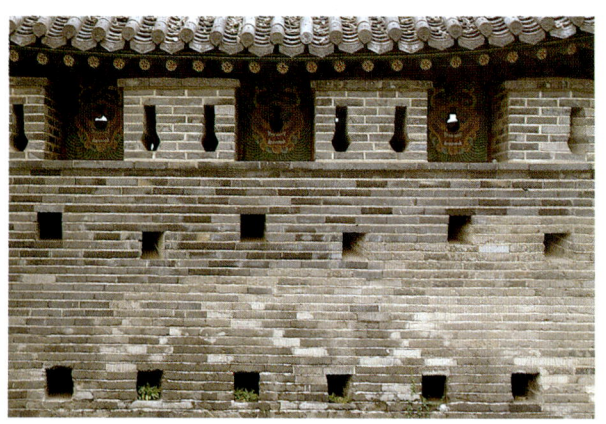

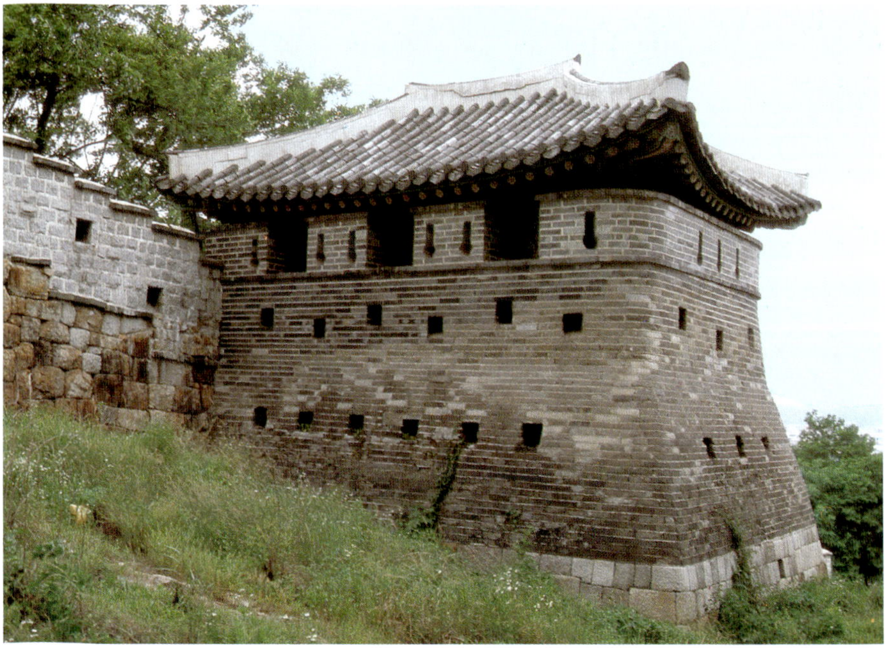

총안과 포혈 좁은 구멍을 내어 밖에서는 안으로 공격을 할 수 없게 하고 안에서는 밖을 향해 포나 총을 쏠 수 있게 하였다.(왼쪽 위)

남포루와 북서 포루 포루는 전체를 벽돌(塼)로 만들어 적의 화포에 의해 한꺼번에 무너지는 것에 대비하였다. 수원 화성에는 모두 5개의 포루가 있는데 왼쪽 아래는 남포루, 오른쪽 아래는 북서 포루이다.

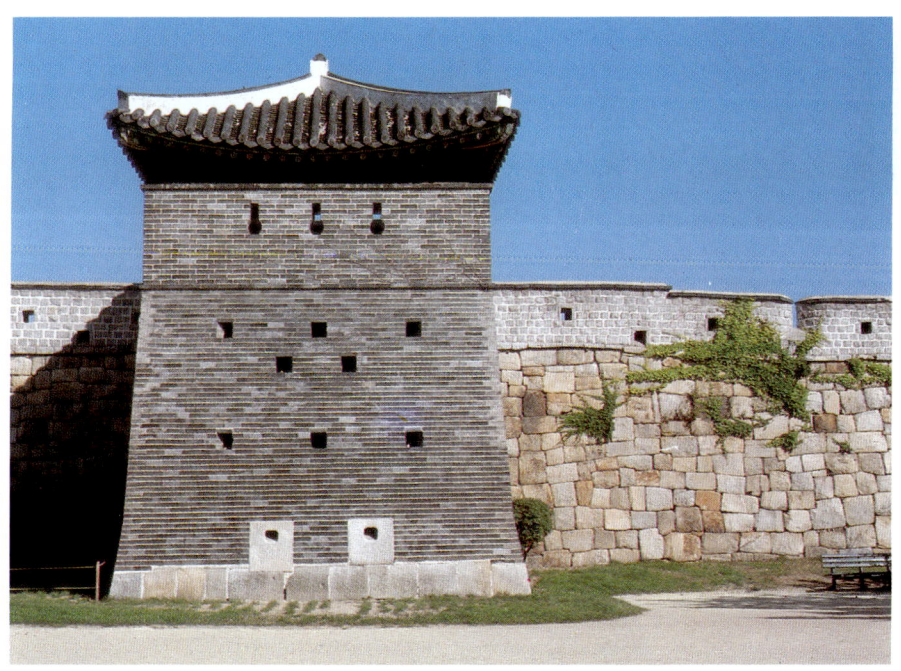

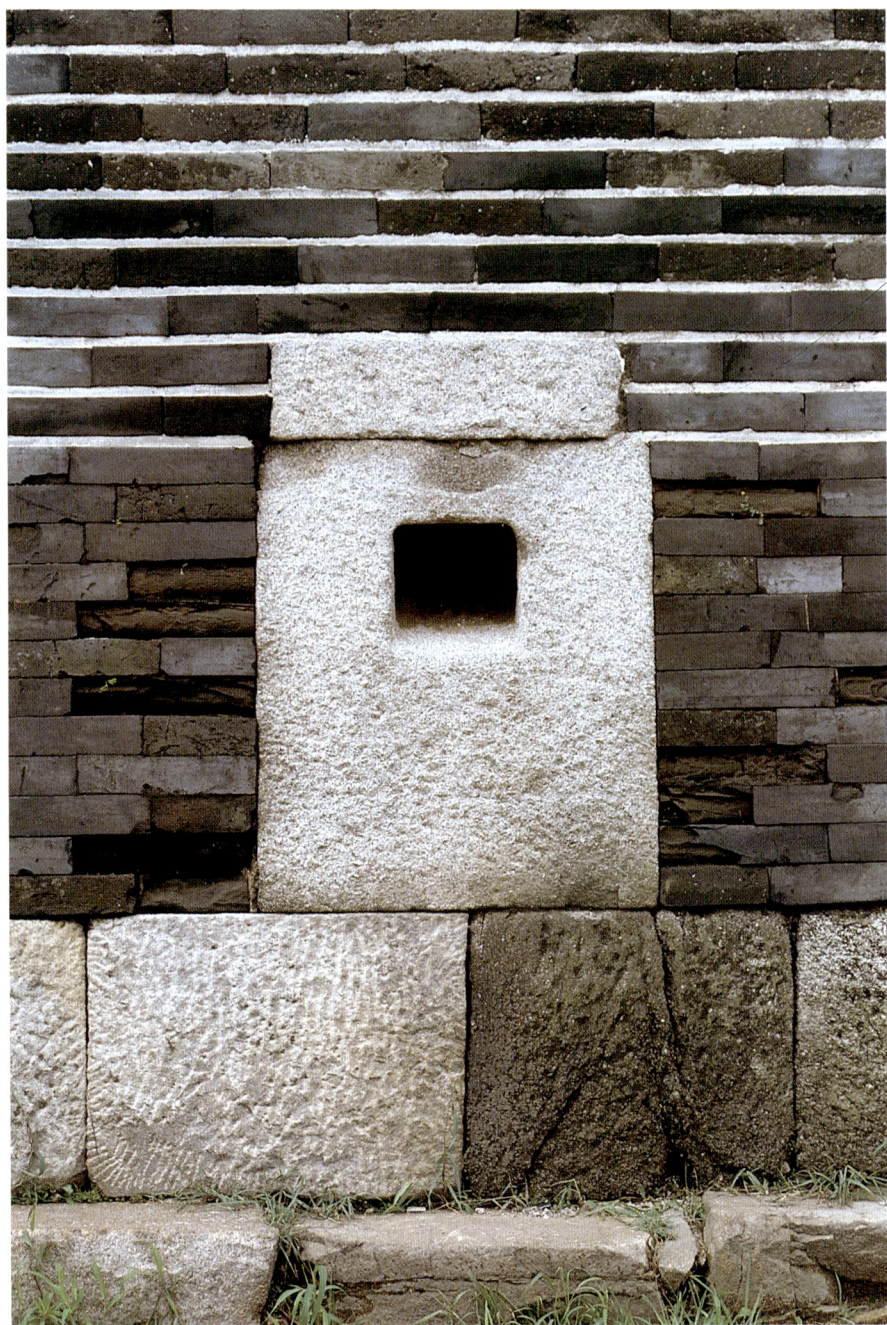

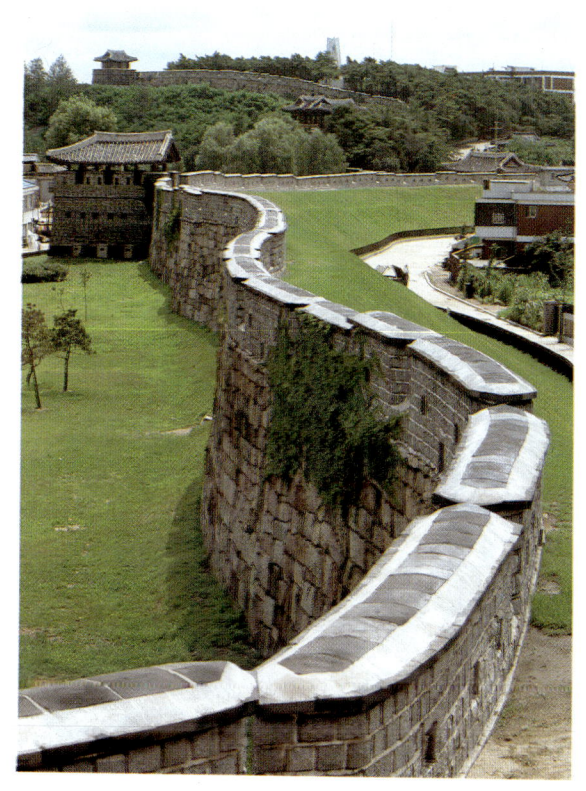

북동포루의 한 부분 화강석과 전돌의 치밀한 구조를 보여 준다.(왼쪽)
동북 포루 북동 적대에서 본 모습으로 성의 바깥에 위치하고 있는 포루의 모습을 보여
  준다.(오른쪽)

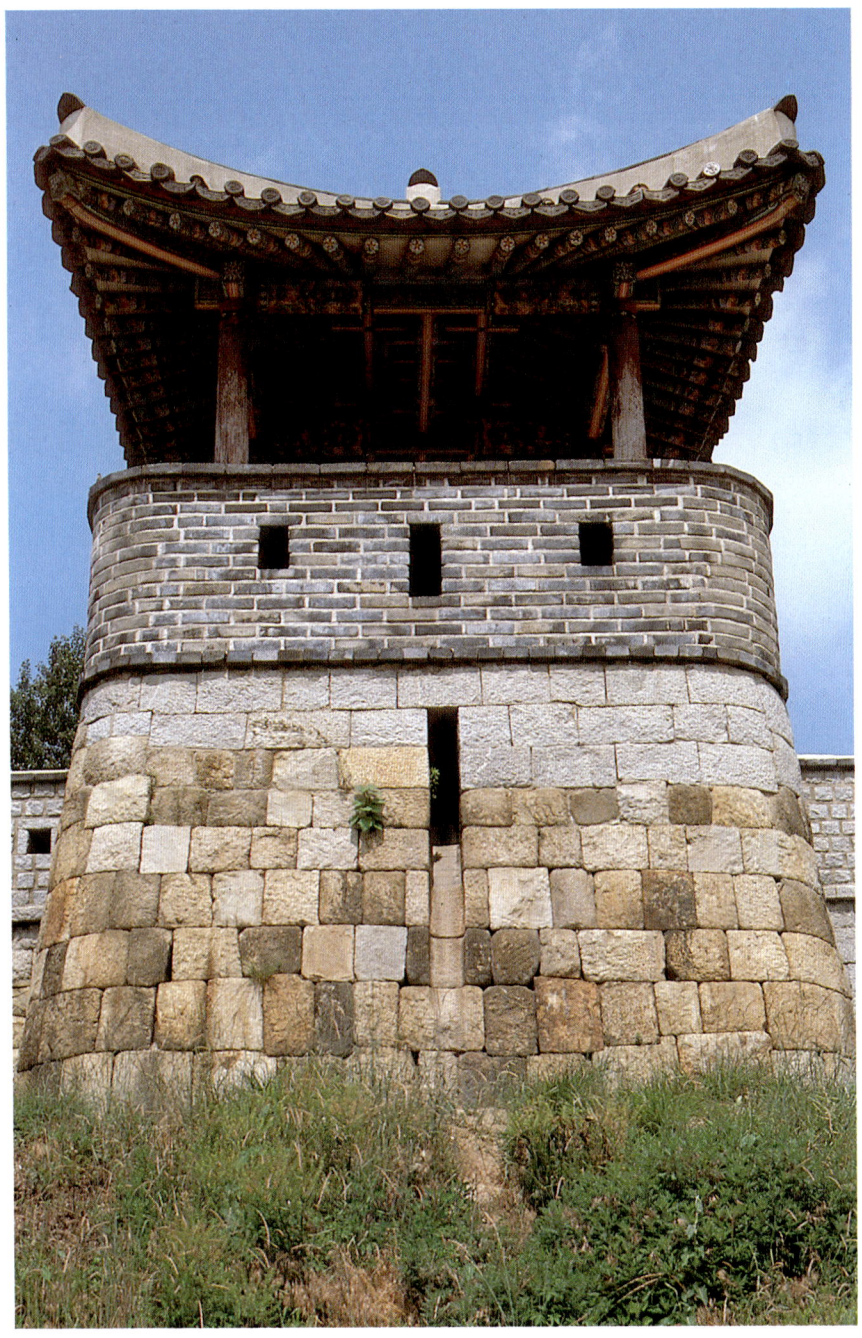

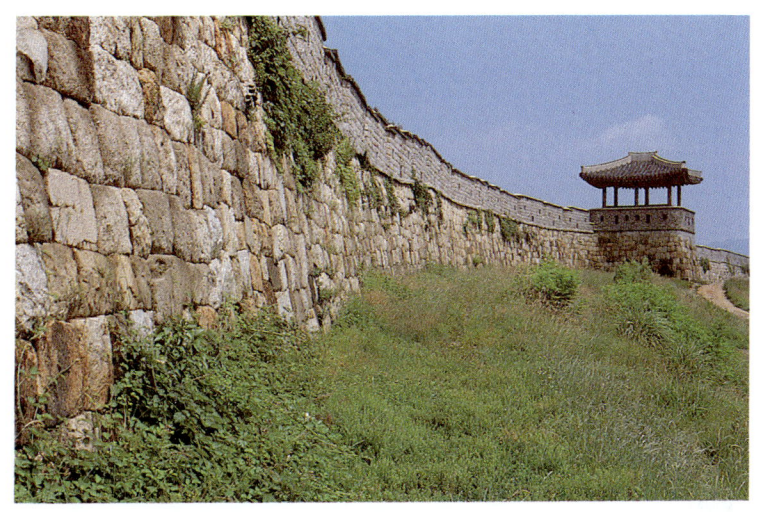

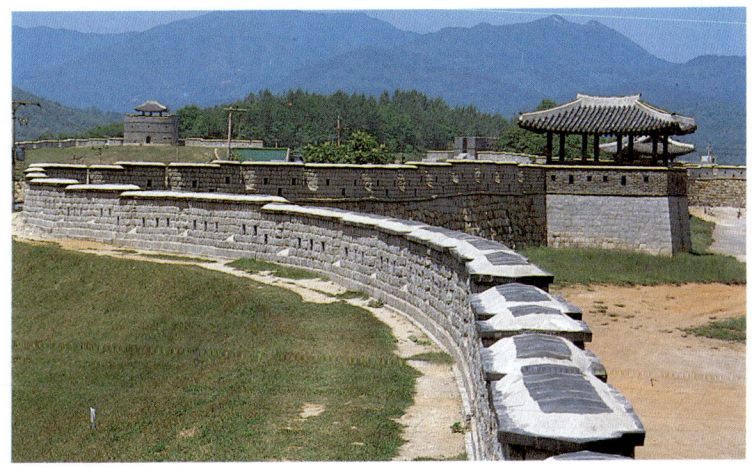

포루(鋪樓) 이 포루는 화포를 장착한 것이 아니고 치성 위에 대를 만들고 그 위에 건물을 세운 것이다. 이것은 치성의 군사들을 가려 적이 볼 수 없도록 하기 위해 세운 것이다.
수원 화성에는 모두 5개의 포루가 있는데, 왼쪽은 동포루, 오른쪽 위는 동 2포루, 오른쪽 아래는 동 1포루이다.

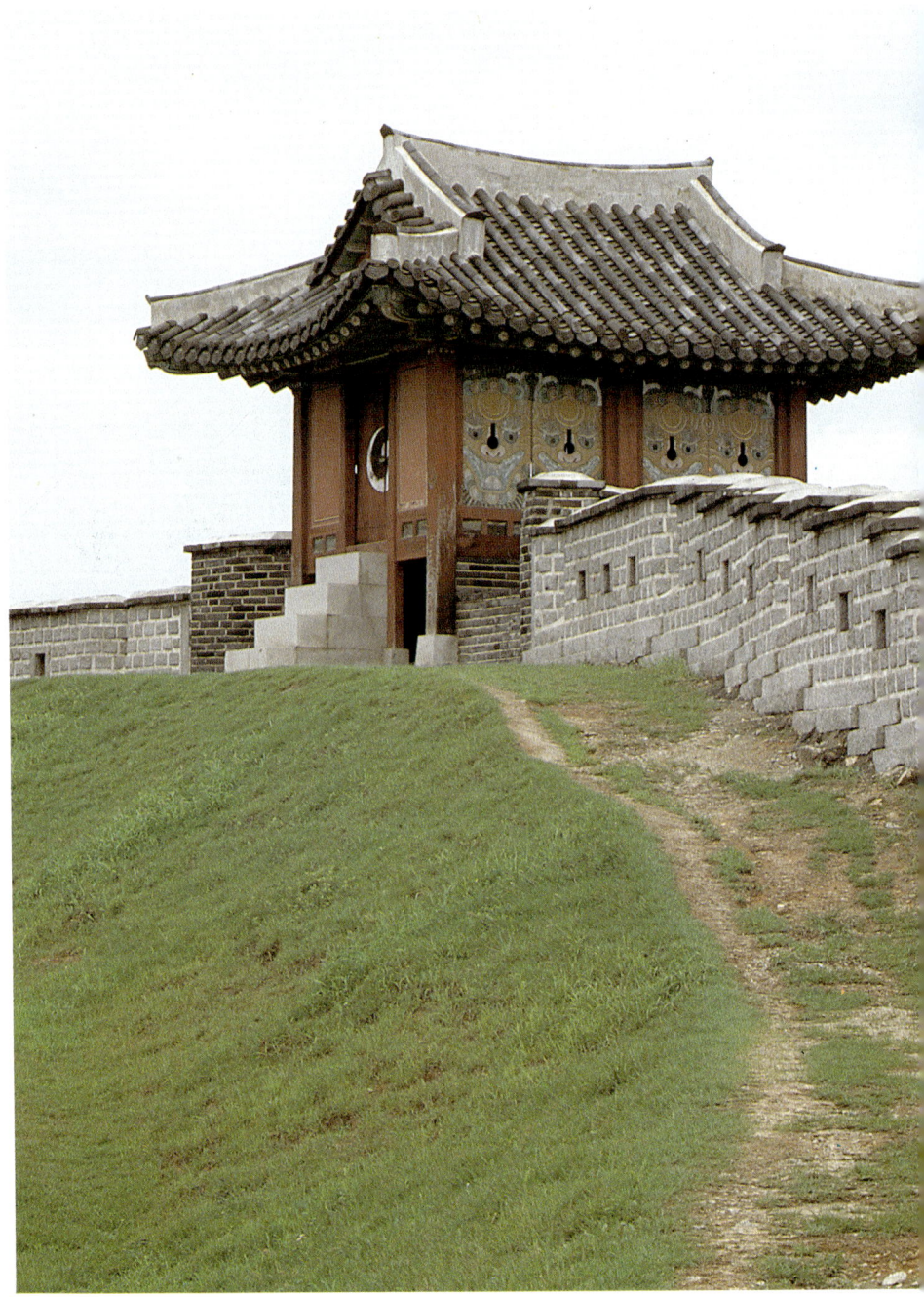

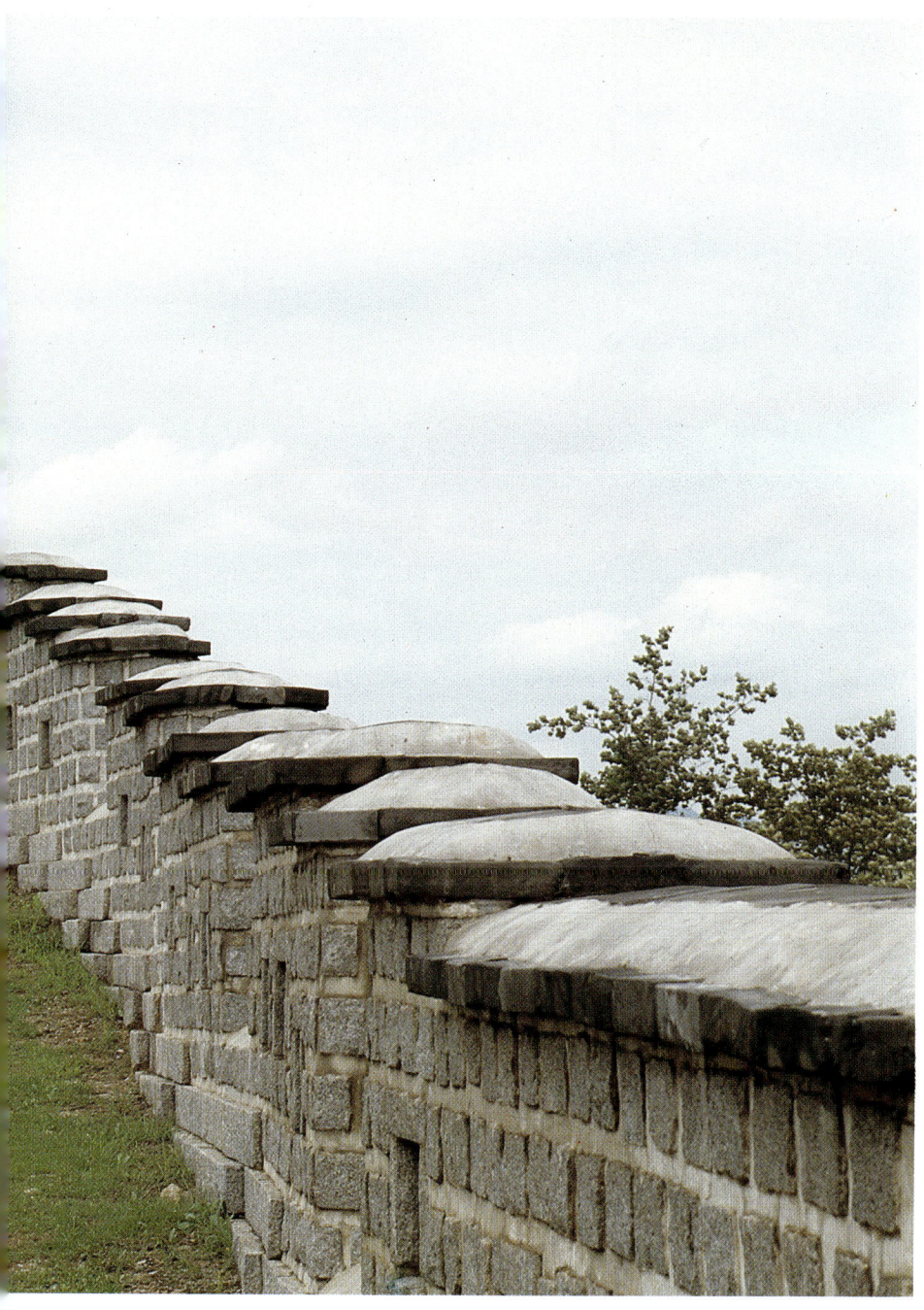

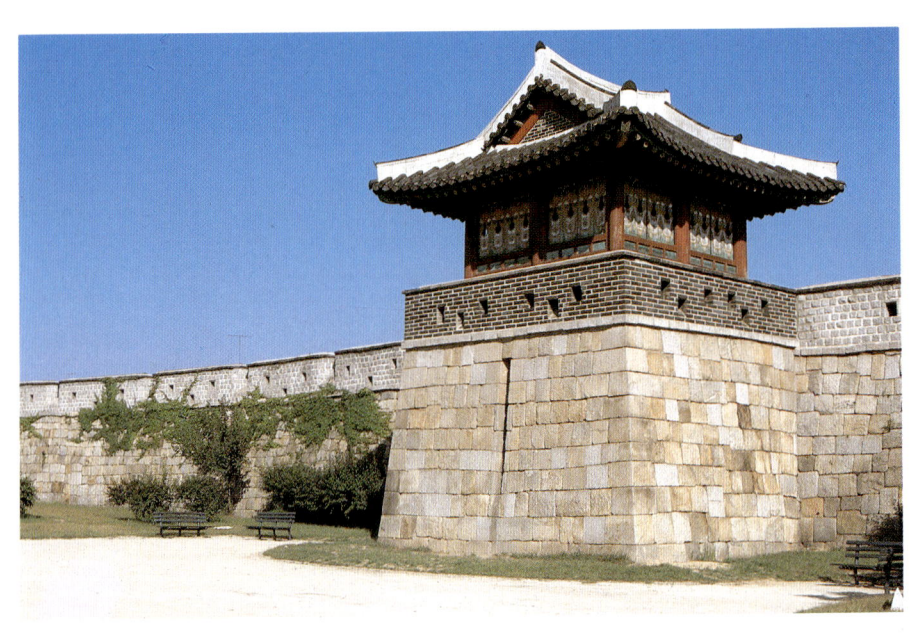

동북 포루 각건대라고도 하는데 방화수류정 동쪽으로 지세가 갑자기 높아져서 용두를
  굽어보는 곳에 위치하였다.(앞)
북포루 북서 포루의 서쪽에 위치한 포루(舖樓)이다.(위)

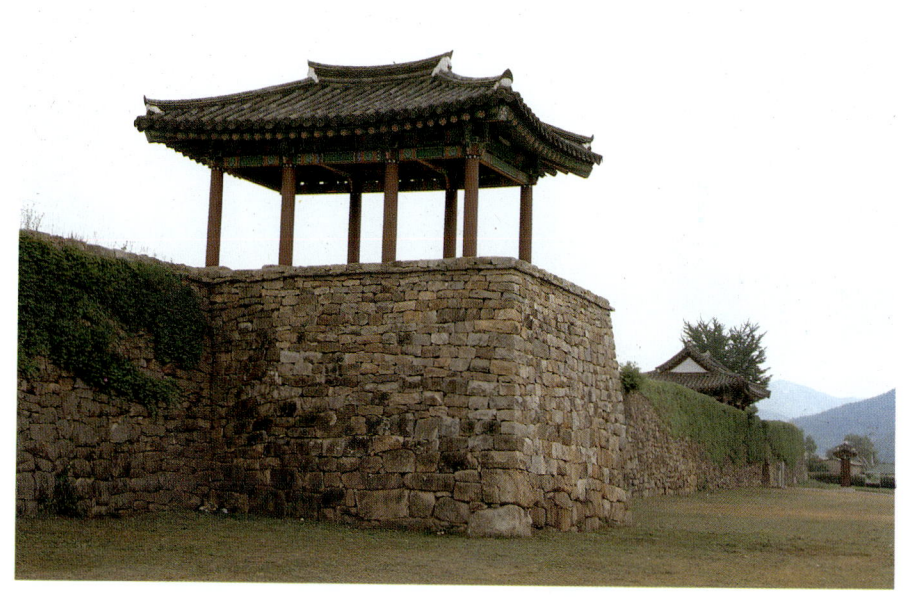

해미읍성의 포루 성벽의 튀어 나온 부분 위에 사방이 트인 건물을 세워 판문이 있는 수원 화성의 포루와 다른 형태를 보여 준다.

성벽의 안과 밖 수원 화성의 성벽은 지세를 이용하여 드나듦이 있게 축조하였는데, 성의 안은 바닥이 높고 바깥은 낮아서 상대적으로 바깥 성벽이 높아지게 하였다.(왼쪽)

각루 비교적 높은 위치에 누각 모양의 건물을 세워 주변을 감시하기도 하고 때로는 휴식을 즐길 수 있도록 한 시설물을 각루라 한다. 오른쪽 위는 일명 화양루라고도 하는 서남 각루이고 오른쪽 아래는 동남 각루이다.

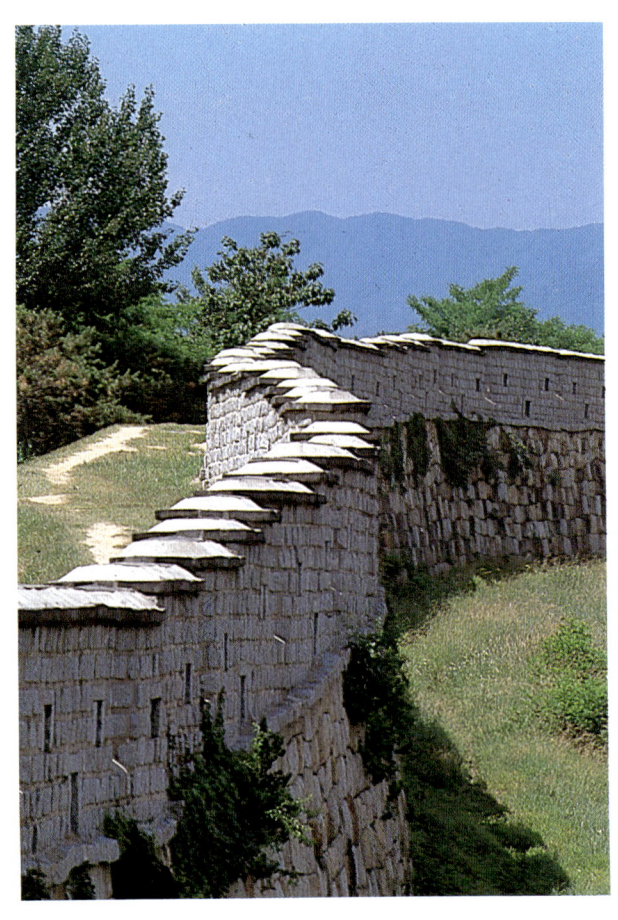

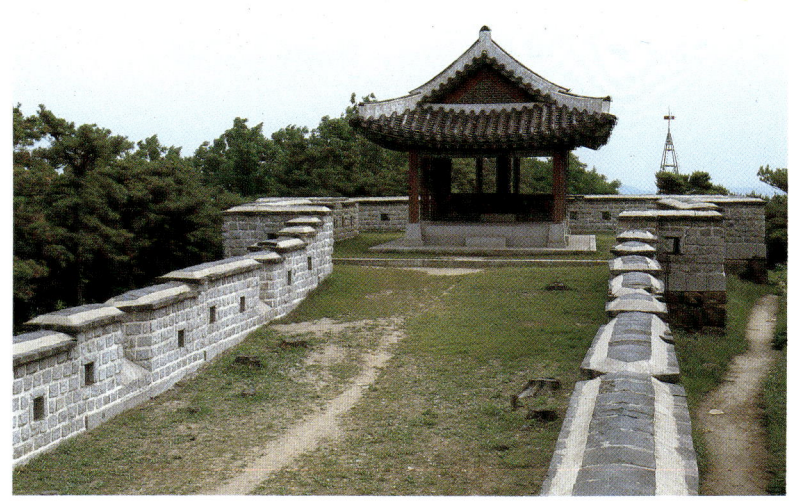

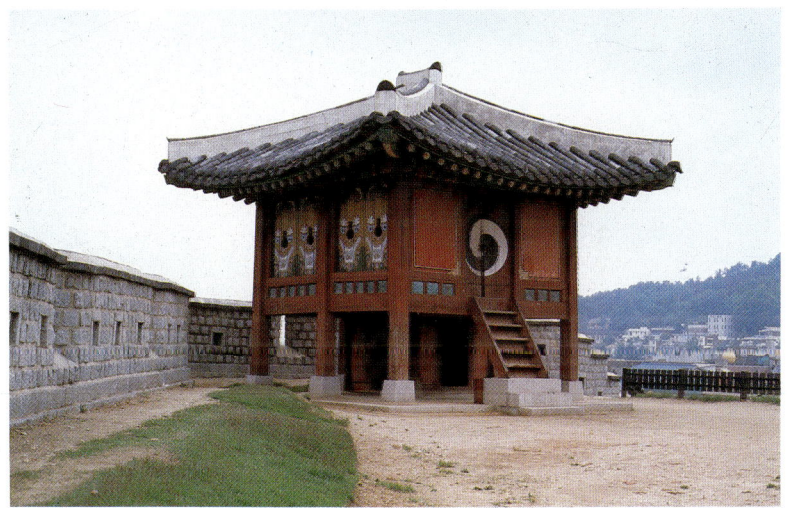

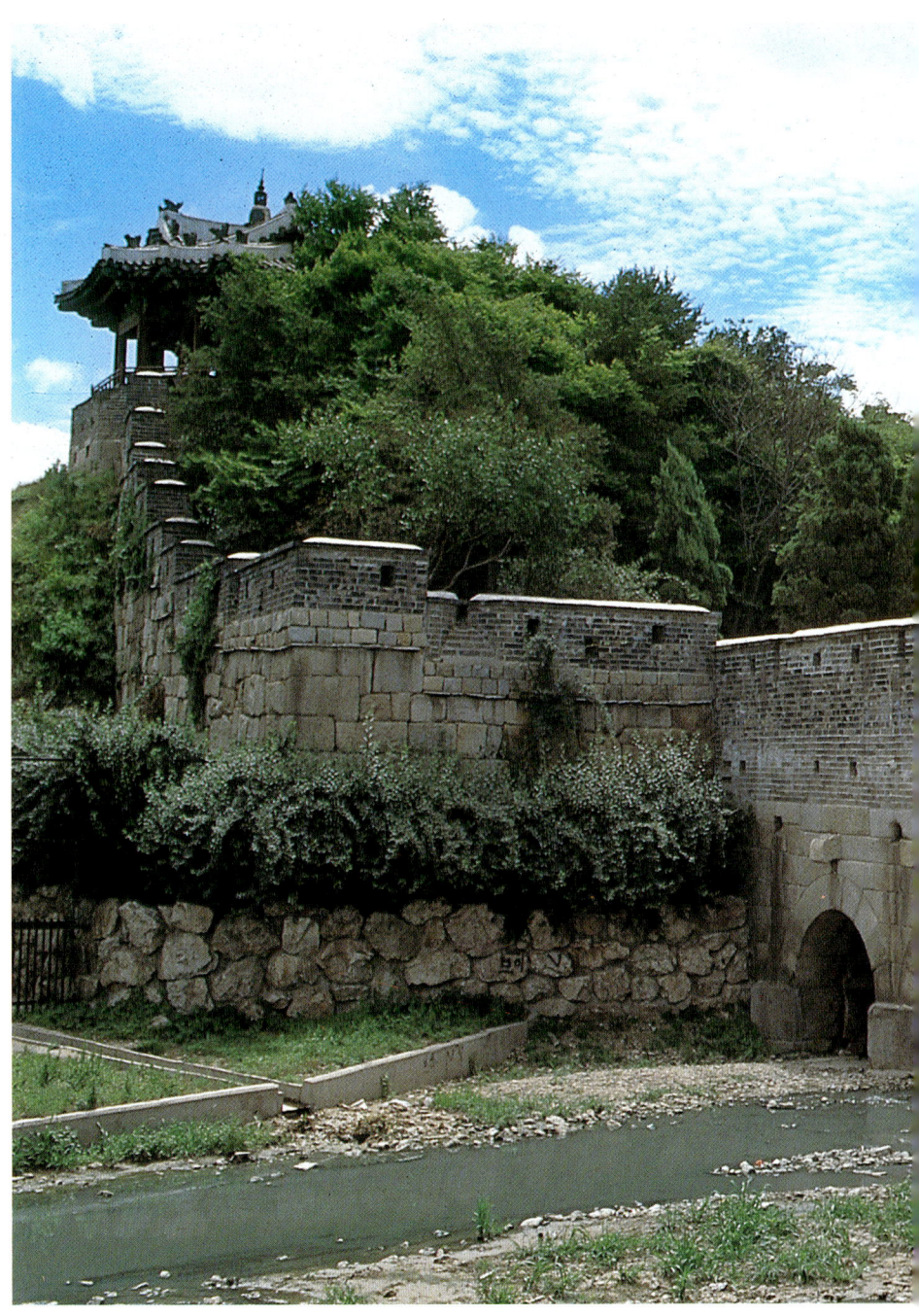

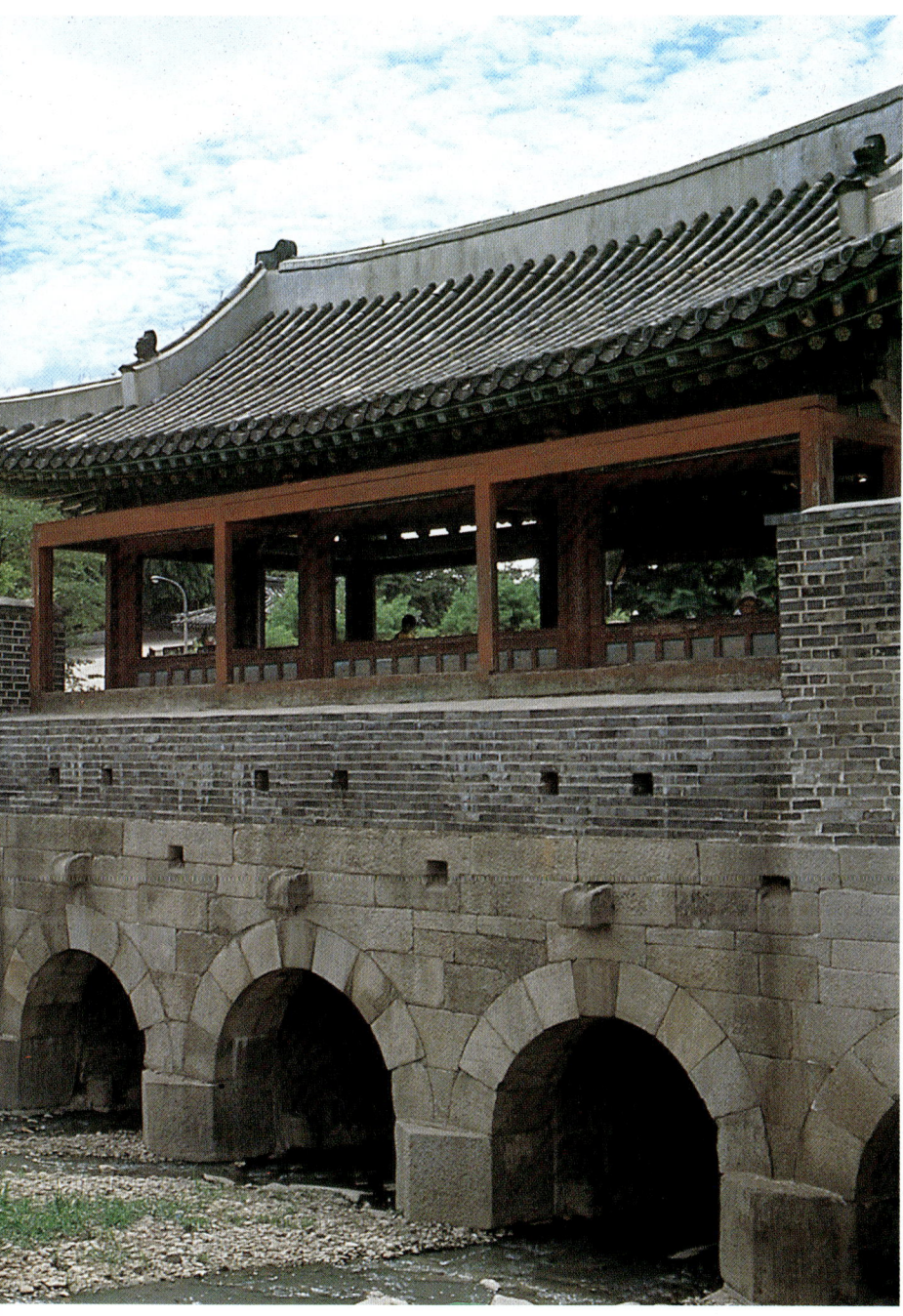

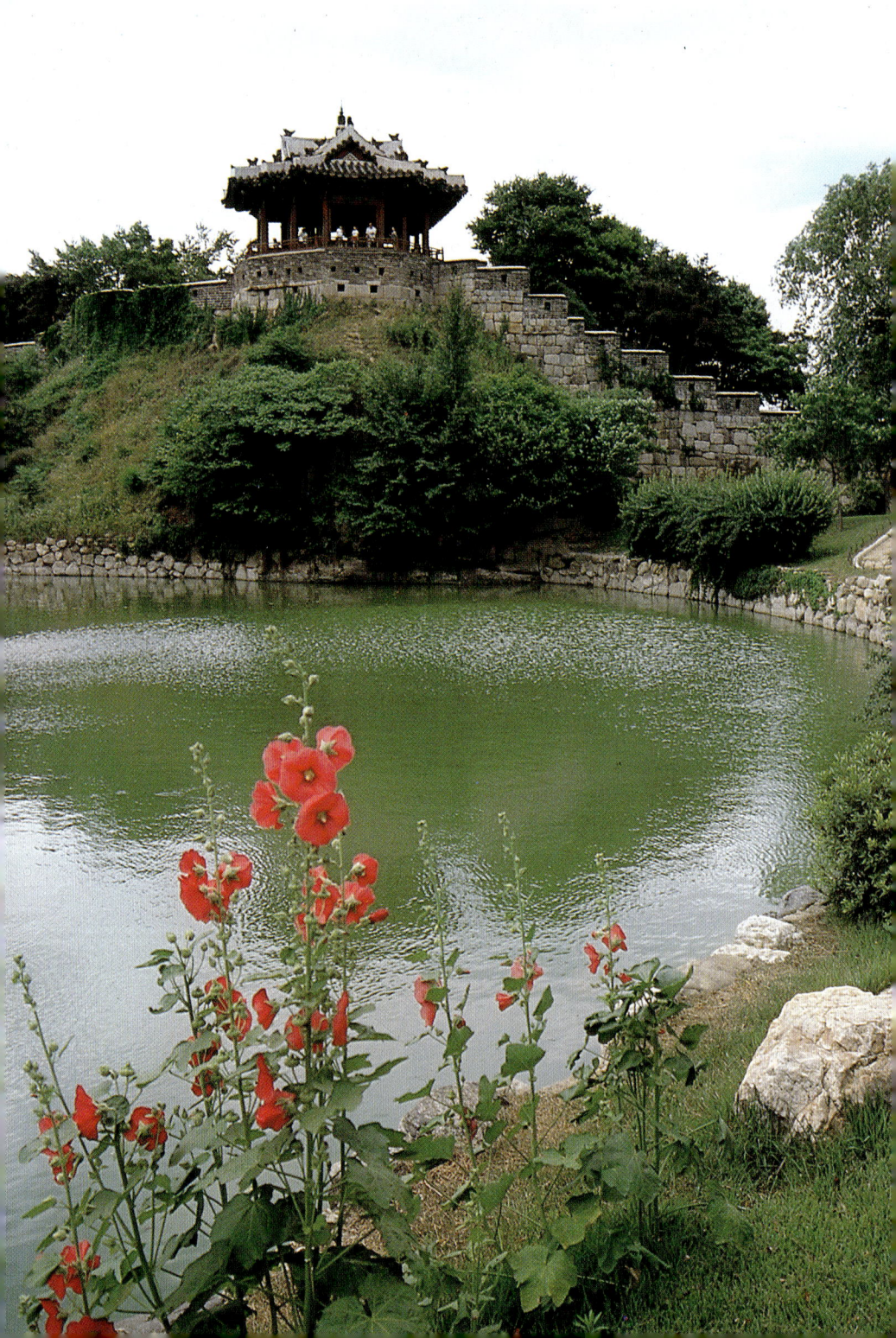

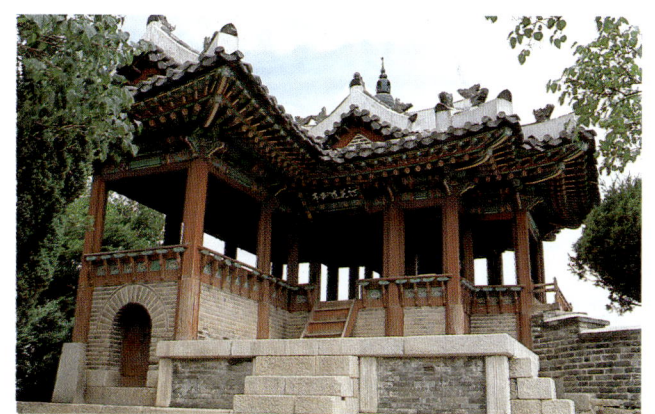

방화수류정 북쪽 수문인 화홍문에서 동쪽으로 경사져 올라간 위치에 있는 동북 각루이다. 이 건물은 형태가 불규칙하면서도 조화를 이루고 주변 경관과의 어울림이 뛰어나 조선시대 정자 건물의 높은 수준을 보여 주고 있다. (앞, 왼쪽, 오른쪽)

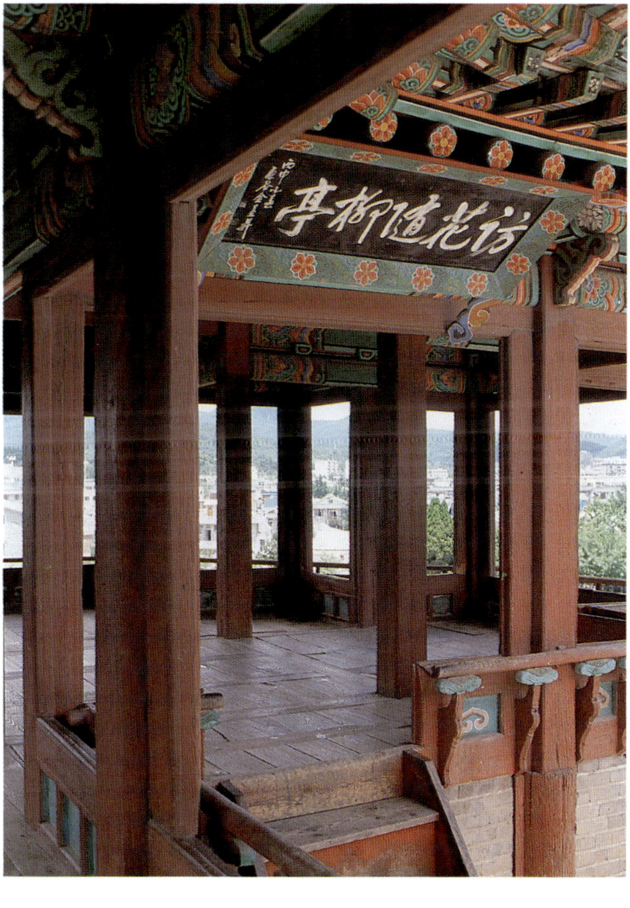

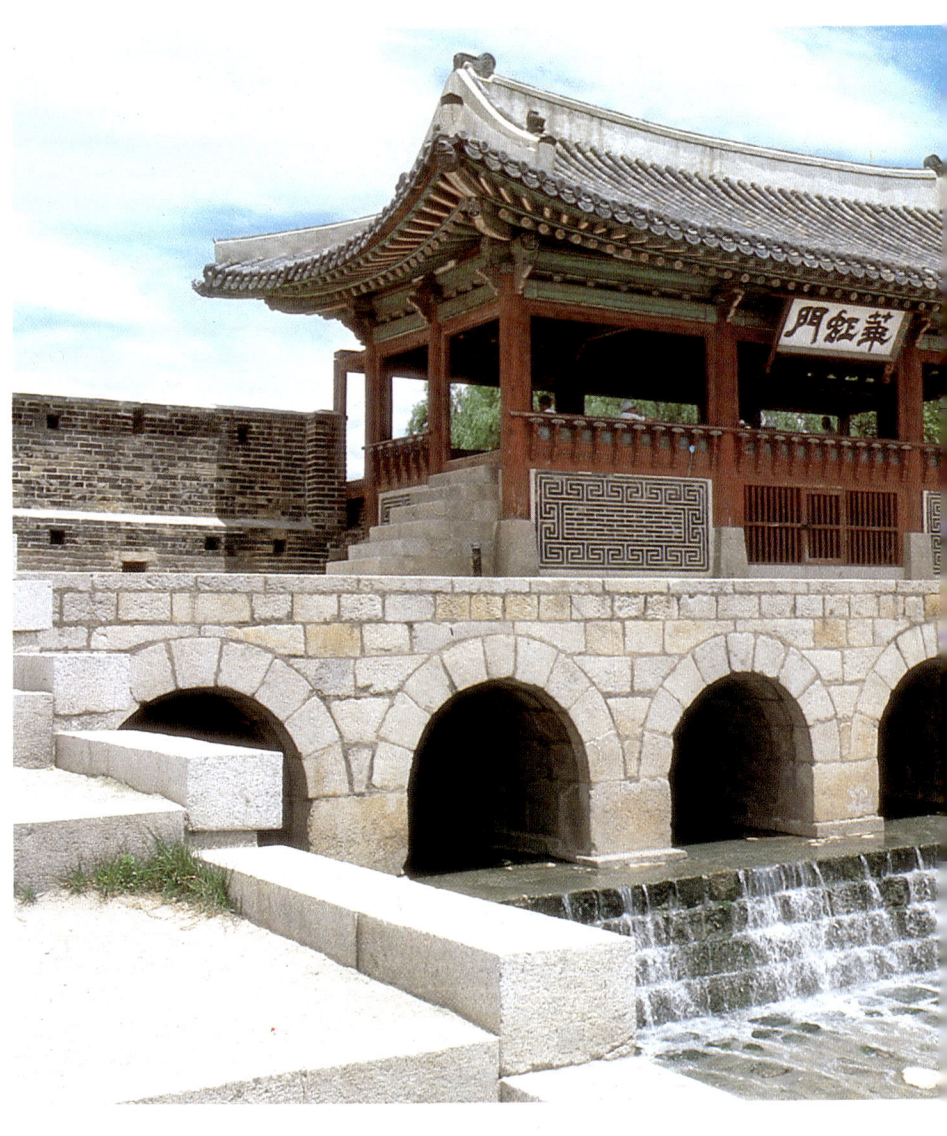

수문 수원 화성에는 북쪽에서 남쪽으로 흐르는 개천이 성내를 관통하고 있어 북수문과 남수문을 설치했다. 이 중 북수문은 용연이라는 연못이 있는 비교적 경관이 아름다운 곳에 장대하게 꾸몄는데, 일곱 개의 아치형 수문 위에 화홍문이라는 누각을 세웠다. 오른쪽 아래는 용연의 풍경이다.

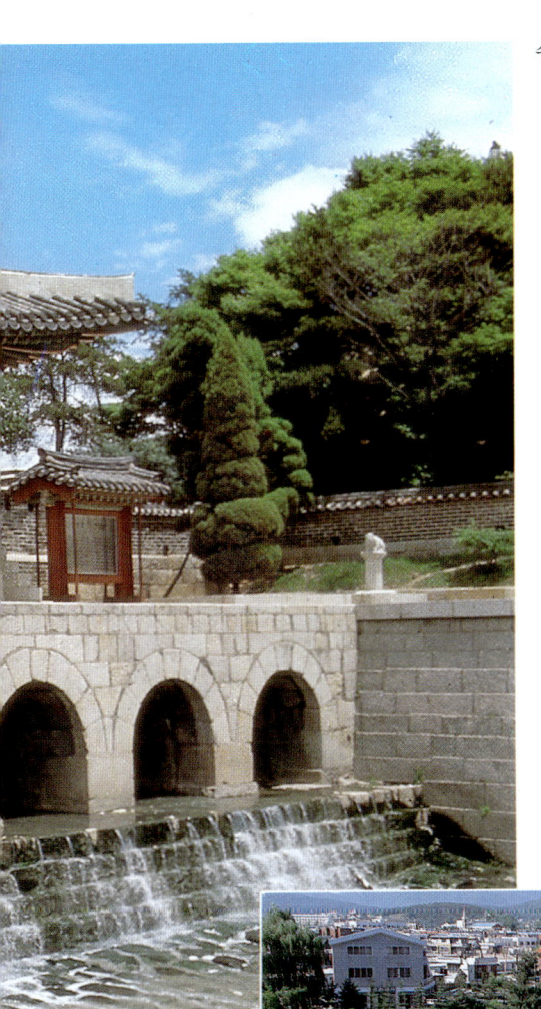

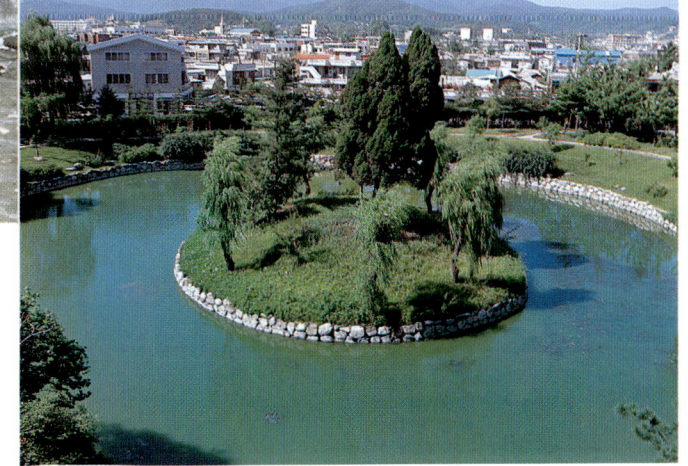

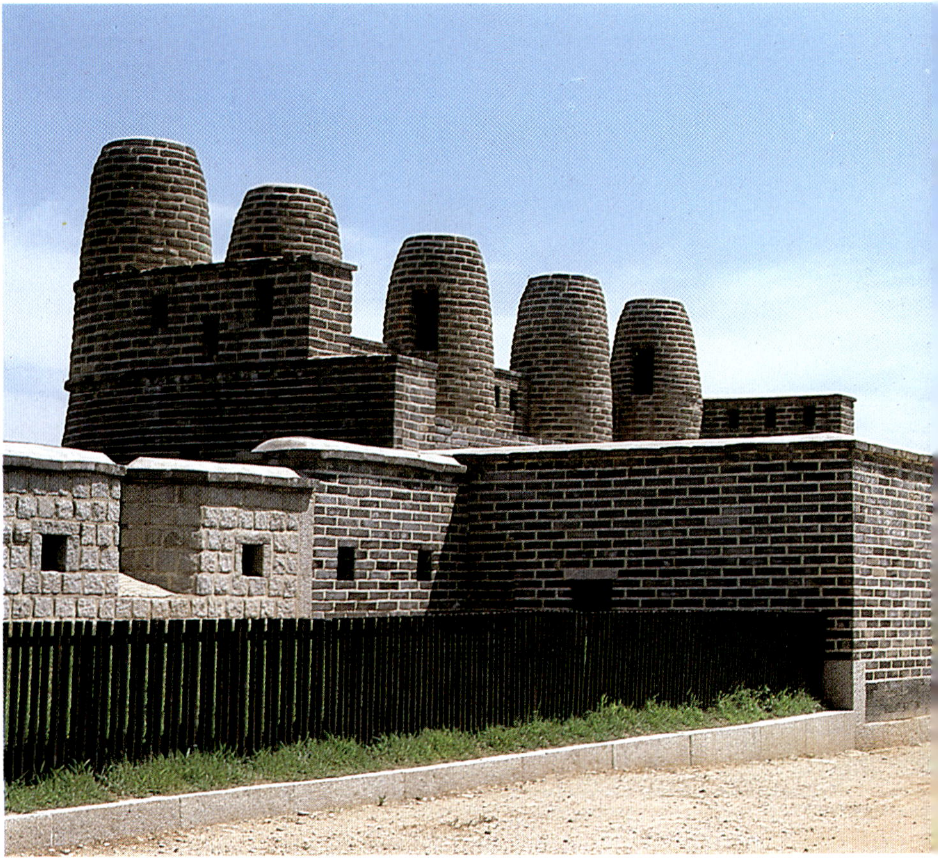

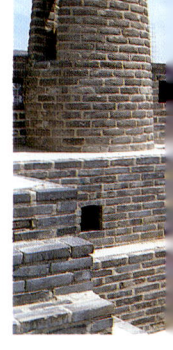

봉돈 봉돈(烽墩)은 행궁을 지키고 성을 파수하며 주변을 정찰하여 인근에 사태를
 알리는 역할을 하는 시설이다. 다섯 개의 커다란 연기 구멍을 두어 신호를 보낼 수
 있도록 했다. 성벽 일부를 치성처럼 밖으로 돌출시키고, 아래는 돌로 쌓고 위는 전돌
 을 성벽보다 높이 쌓아 상부에 성가퀴를 두었다.

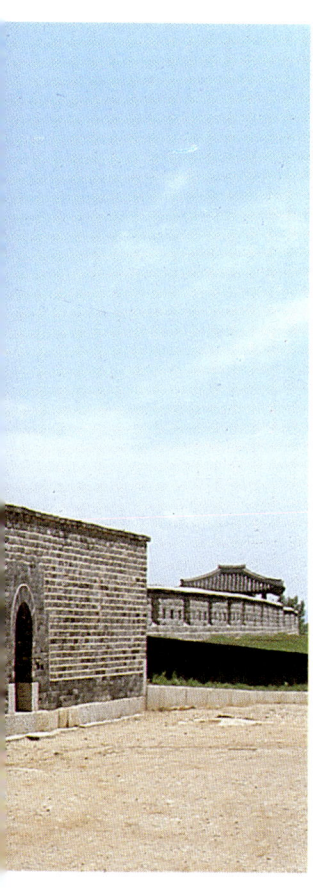

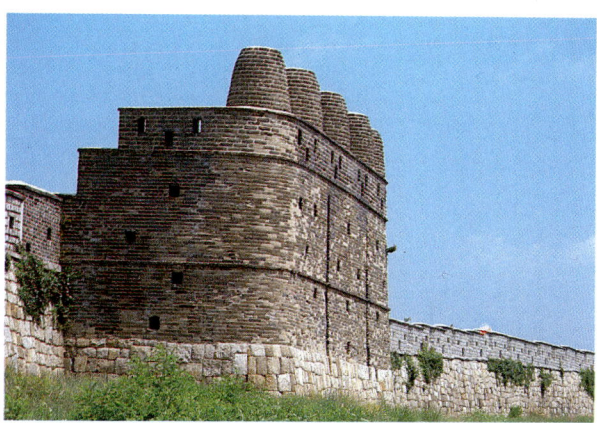

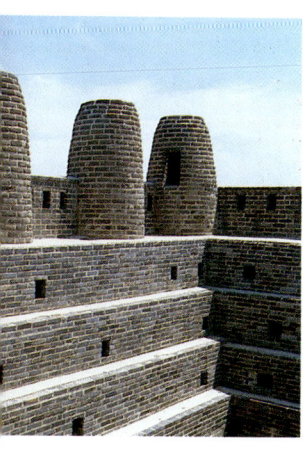

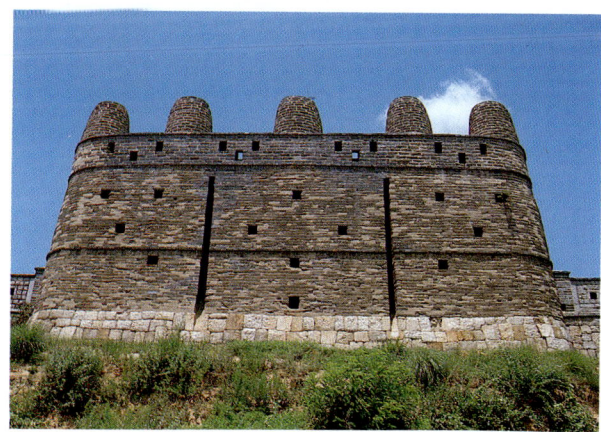

암문 성곽에는 흔히 깊숙하고 후미진 곳에 적이 알지 못하는 출입구를 내어 사람이나 가축이 통과하고 양식 등을 나르도록 하는데 이것이 암문(暗門)이다. 왼쪽 아래는 북암문으로 동북 각루 남쪽 약간 골짜기진 곳에 있어서 성 밖에서는 잘 눈에 띄지 않는다.
오른쪽 위는 동암문이고 오른쪽 아래는 서암문이다.

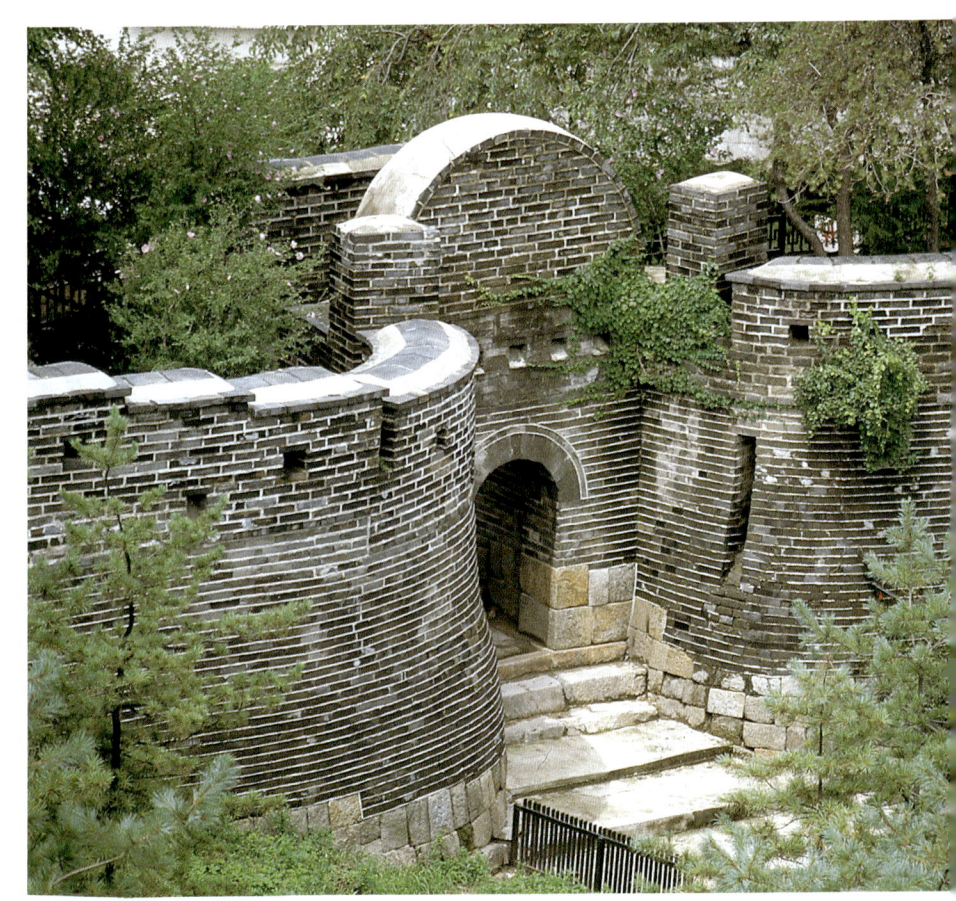

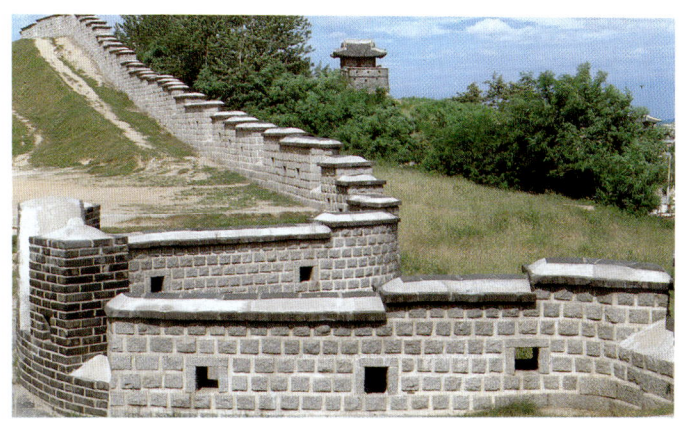

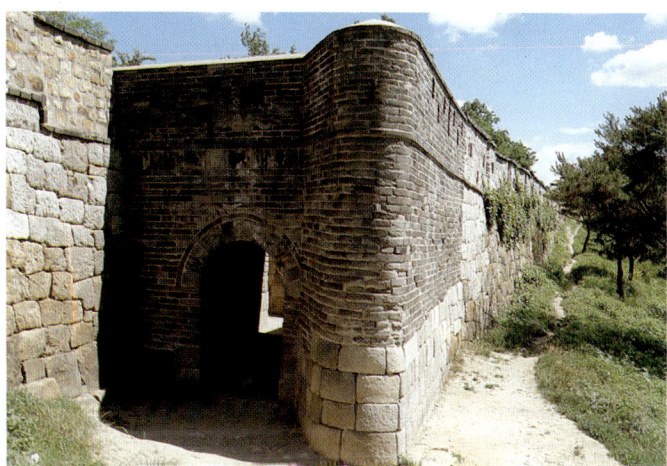

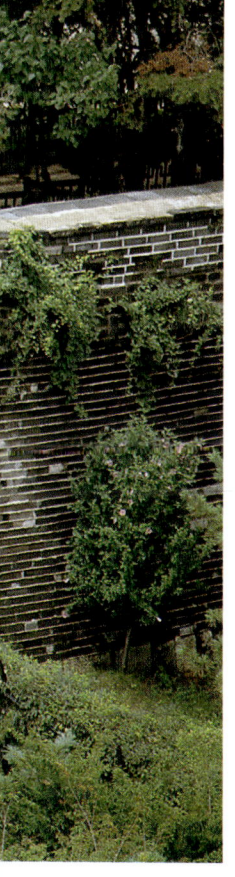

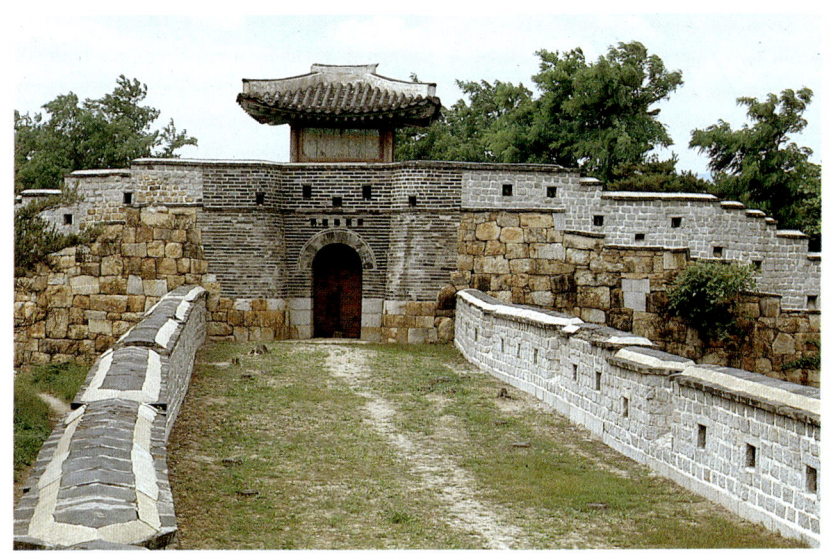

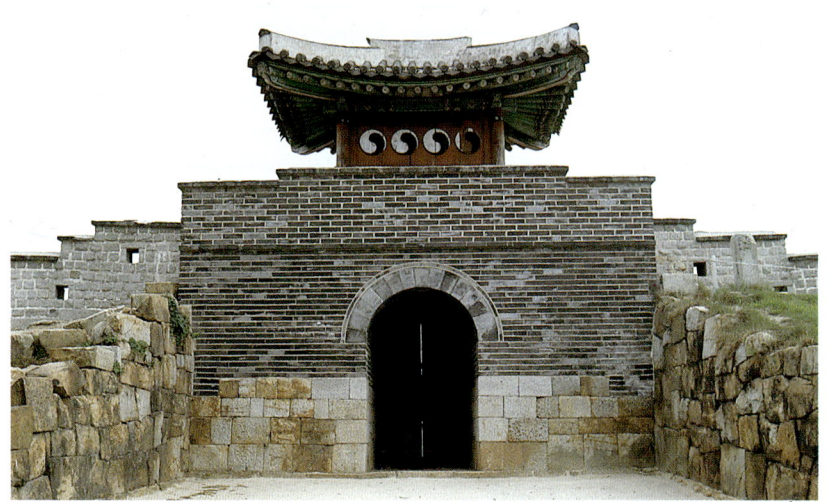

서남 암문 암문에는 일반적으로 위에 건물을 세우지 않지만 서남 암문에는 포사(舖
舍)를 세웠다. 이곳은 팔달산 한쪽의 높은 곳이어서 성의 서남 방향에서 가장 조망이
좋은 곳이기 때문에 특별히 적을 감시할 수 있는 시설을 한 것이다.(왼쪽 위, 아래)
행궁의 낙남헌 화성행궁이 지어진 것은 정조 20년 가을로, 정조대왕이 사도세자의
묘에 행차할 때 머무르기 위하여 건립한 것이다. 오른쪽 아래는 낙남헌으로 무술과
관련하여 장병을 지휘하던 곳이 아닌가 추측된다.

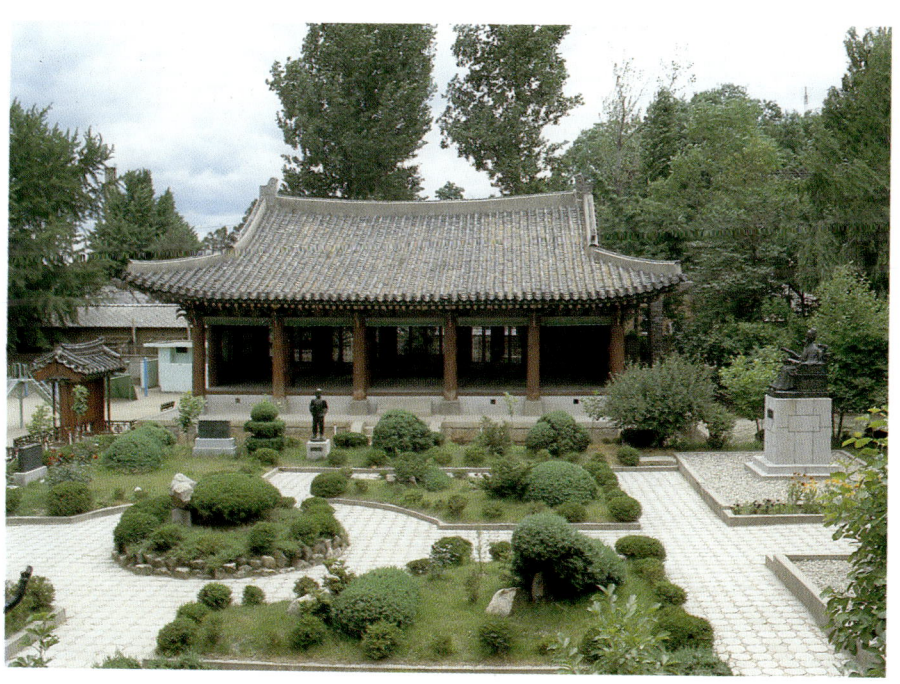

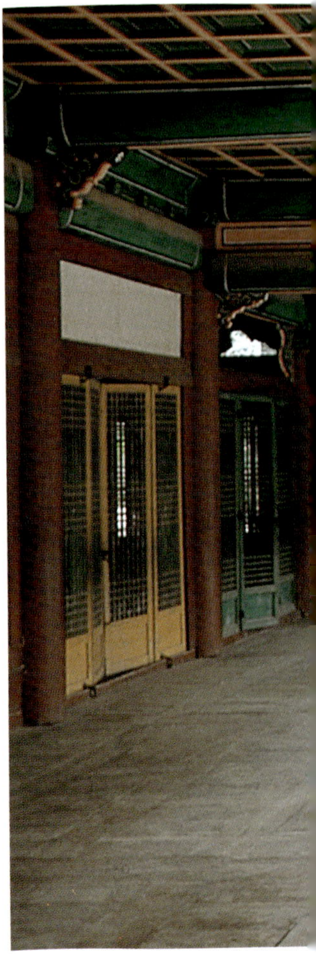

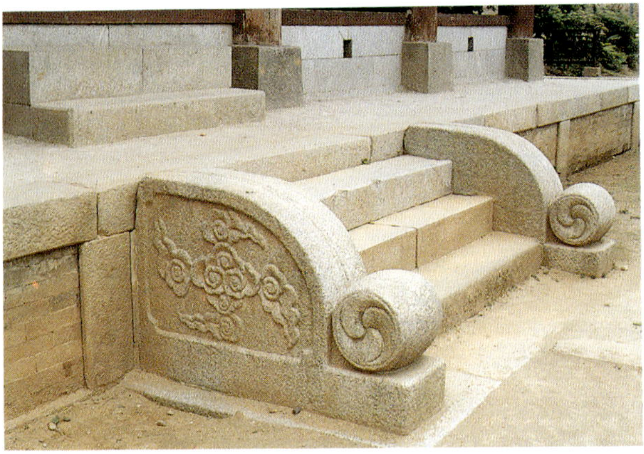

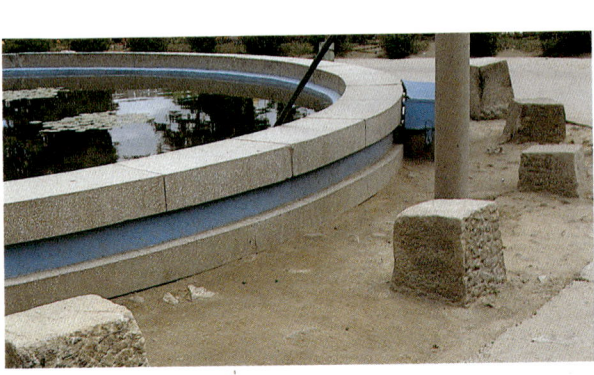

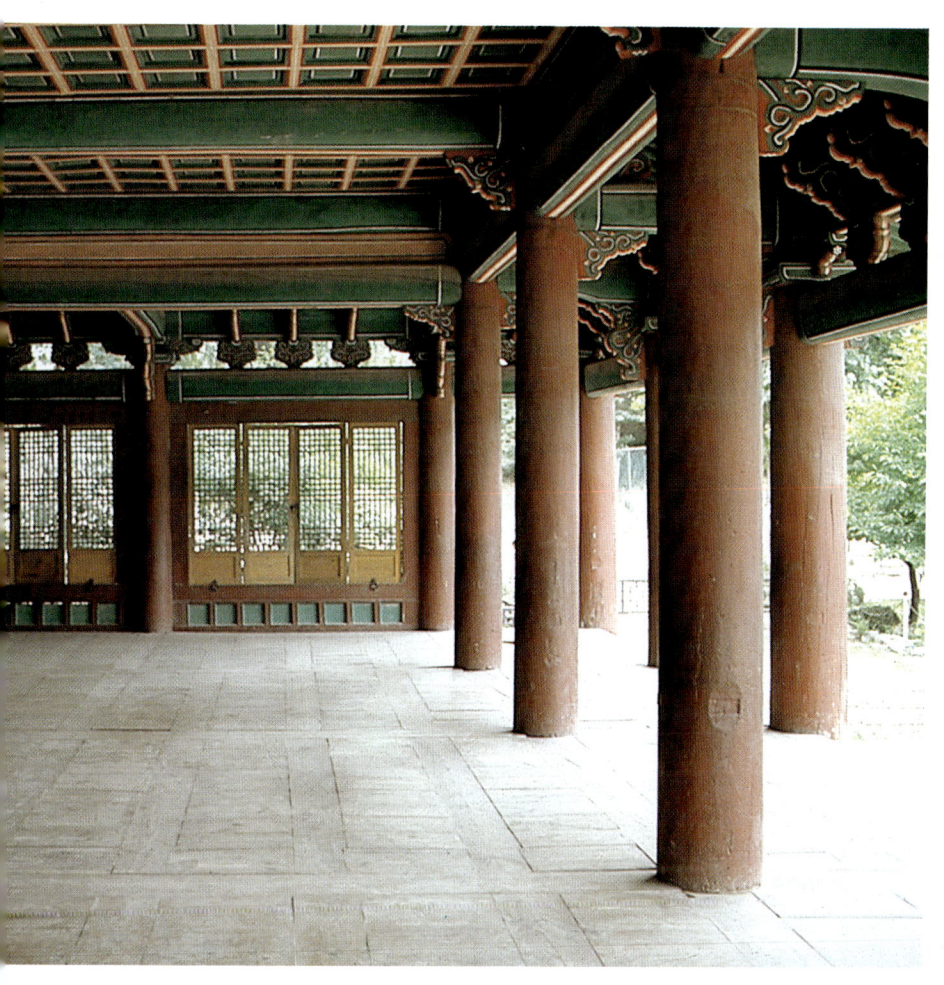

행궁의 낙남헌　화성행궁이 결정적으로 파괴된 때는 20세기 초인 것으로 생각되는데 그것은 수원에 최초의 서양식 의료 기관인 자혜의원이 행궁터에 들어서면서 비롯되었다. 현재 유일하게 행궁의 흔적을 남기고 있는 것은 낙남헌으로 왼쪽 위는 그 계단석이고 왼쪽 아래는 주춧돌 그리고 오른쪽 위는 낙남헌의 내부이다.

수원 화성

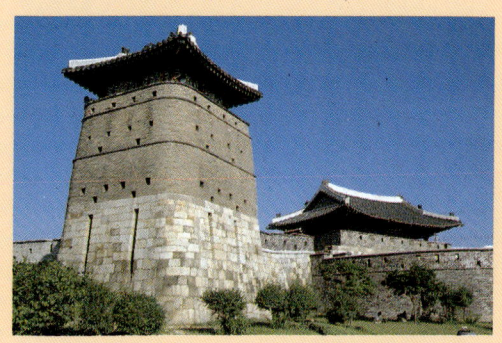

축성의 동기

2백여 년 전인 18세기 말 서울 남쪽의 작은 도시 수원은 새로운 장소로 이전되었다. 새로 건설된 도시는 이름을 수원부(水原府)에서 화성부(華城府)로 바꾸었다. 도시가 어느 정도 모양을 갖추게 되자 도시 외곽에 성곽을 쌓았다. 조선시대 성곽의 꽃으로 불리는 화성이 탄생한 것이다.

신도시 화성부가 건설되고 여기에 성곽이 축조된 데에는 조선 제22대 왕 정조(正祖, 1777~1800년)의 역할이 컸다. 개혁적인 생각을 가진 명군으로 평가되는 정조는 하나의 도시를 새로 건설하고, 이 도시에 이제까지 없던 새로운 성곽을 쌓는 어려운 일을 치밀한 준비와 강력한 추진력으로 이룩해 내었다.

1997년 화성은 유네스코가 지정한 세계문화유산에 등록되었다. 화성은 우리 민족의 자랑스런 유산일 뿐 아니라 세계 인류의 소중한 문화재로 인정받게 된 것이다. 화성이 언제, 어떻게 만들어지게 되었으며, 그것은 어떤 가치를 지니고 있는지를 살펴보는 것이 이 글의 목적이다. 아울러 화성을 찾아오는 사람들에게 작은 길잡이가 되려는 의도도 지니고 있다.

화성은 한동안 수원성으로 불려 왔다. 수원이라는 지명을 따서 수원에 있는 성이라는 뜻으로 불려진 것이다. 그러나 정조가 수원부를 지금의 위치로 옮기고 이 신도시 외곽을 감싸는 성곽을 쌓을 때 붙인 이름은 화성이었다. 18세기 말, 성곽이 축조되면서 붙여진 화성이라는 명칭은 이후 약 1백 년 동안 사용되었다. 그러다가 19세기 말에 와서 도시 명칭을 전에 쓰던 수원으로 고치면서 화성이라는 이름을 잊어버리고 말았다. 19세기 말은 우리 민족이 외국 열강 세력의 압력을 받던 때였다. 이후로 오랫동안 화성은 제 이름을 되찾지 못하고 있다가 수원지역의 뜻 있는 인사의 노력으로 1996년에 와서 정식으로 본래 이름을 되찾게 되었다.

화성이 축조되기에 앞서 먼저 도시를 건설하였다. 수원은 본래 정조의 아버지 사도세자의 무덤인 융릉(隆陵)이 있는 곳에 자리잡고 있었다. 이곳의 주민을 지금의 팔달산(八達山) 아래로 이주시키고 여기에 관청과 향교, 사직단 등을 세워 새로운 도시를 건설하였다. 주민들이 이사를 하고 새 관청이 세워진 것은 1789년으로 정조 13년 7월이다. 살던 집 하나를 옮기는 것도 쉬운 일이 아닌데, 수백 년 동안 많은 사람들이 삶을 이어오던 고을 전체를 옮긴다는 것은 좀처럼 쉬운 일이 아니었을 것이다. 그럼에도 불구하고 정조는 이 사업을 강력하게 실행해 나갔다. 여기에는 개혁 정치를 꿈꾸던 정조의 원대한 구상이 있었다.

수원부를 새로운 장소로 이전한 표면적인 이유는 수원부가 있는 화산(花山) 아래로 사도세자의 무덤을 옮겨왔기 때문이다. 사도세자는 부친 영조의 명령으로 뒤주에 갇혀서 죽은 비운의 왕세자이다. 사도세자의 죽음에는 신하들 사이의 권력 다툼이 크게 작용한 것으로 알려져 있다. 당시 신하들은 당파를 이루어 상대편의 세력을 억누르기 위한 여러 가지 정략(政略)에 몰두해 있었는데, 사도세자의 죽음은 이러한 정치적 알력(軋轢)의 결과로 이해되고 있다. 할아버지 영조의 뒤를 이어

왕이 된 정조는 아버지에 대한 그리움을 늘 마음속에 간직하고 있다가 즉위한 지 13년 뒤, 부친의 무덤을 서울 청량리 밖 배봉산에서 수원 고을이 있는 화산 아래로 옮겼다. 화산은 당시 조선에서 가장 좋은 무덤 터로 알려진 곳이다. 새 무덤은 이름을 '현륭원(顯隆園)'이라고 했다.

부친의 무덤을 조선 최고 길지에 옮기고 나서 몇 년 뒤에 정조는 생존해 있던 사도세자의 부인, 곧 정조의 어머니인 혜경궁 홍씨를 모시고 유명한 을묘원행(乙卯園幸)을 치렀다. 을묘원행이란, 곧 혜경궁 홍씨의 회갑이 되는 1795년 을묘년에 정조가 어머니를 모시고 사도세자 무덤인 현륭원에 와서 절을 올렸던 행사를 말한다. 이 행사는 화려한 의상과 장대한 행렬로 조선시대 최대의 원행(園幸) 행사인 동시에 정조의 부모에 대한 지극한 효심을 상징하는 일이었다. 지금도 수원을 효(孝)의 으뜸 도시라고 부르는 이유가 여기에 있다.

수원 고을의 이전은 사도세자의 무덤을 주산(主山)인 화산 아래로 옮기면서 취해진 부득이한 조처로, 옮긴 곳은 기존 고을에서 북쪽으로 약 5킬로미터 정도 떨어진 팔달산 아래였다. 이곳은 사방이 산으로 둘러싸여 비좁았던 이전 고을과 달리 삼면이 넓게 트인 평활한 곳이었다. 게다가 새 고을 터는 서울에서 삼남, 곧 충청도, 전라도, 경상도로 연결되는 교통의 요지였다.

새 도시로 주민이 이주하고 관청이 갖추어지자 왕은 이곳에 내려와 사방을 둘러본 뒤에 고을의 발전 방안을 모색할 것을 지시했다. 그 방안 가운데 중요한 것은 상업을 번성하게 하는 것이었다. 왕은 주민들로 하여금 "힘껏 농사를 짓도록 해주는 것 외에 직접 장사하여 이익을 보게 한다면, 장차 집집마다 면모가 달라지는 성과가 있을 것이다"라고 당부하였다.

이러한 왕의 지시에 따라 좌의정으로 있던 채제공(蔡濟恭, 1720~1799년)은 수원의 번영책으로, 서울의 부호 2~30호를 모집해서 무이

자로 1천 냥을 꾸어 준 다음 상점을 짓게 하고, 관청에서는 기와를 구워 싸게 팔게 하며, 시장을 열되 세금을 거두지 않으면 머지않아 고을이 장관을 이루게 될 것이라고 건의하였다.

이런 특별한 배려 덕분에 신도시는 빠른 속도로 인구가 늘기 시작했으며 도심부엔 기와집이 늘어나고 시내 한가운데는 상점들이 생겨나게 되었다. 고을이 점차 큰 도시의 면모를 갖추기 시작하자 왕은 1793년, 이 고을의 명칭을 '화성(華城)'으로 고치도록 명했다. 이 명칭은 현륭원이 있는 화산에서 비롯된 것이었다. 이때는 단지 이름만 바꾼 것이 아니고 화성부 장관의 지위도 크게 높였다. 즉 화성의 장관을 유수(留守)로 하고 그 직위를 서울의 장관인 한성부 판윤과 같은 정2품으로 높인 것이다.

이러한 여러 조처가 이루어진 다음에 실행된 것이 화성의 축성이다. 화성의 외곽을 감싸는 성곽을 쌓은 다음 성벽에는 각종 방어 시설을 설치하였다. 성곽은 당대 최고 학자인 정약용(丁若鏞, 1762~1836년)에 의해 계획되고 그때까지의 모든 지식과 기술이 총동원되어 축성된 조선 최고의 건축물이다. 아울러 도시 한복판에는 이 도시를 관통하는 하천을 내었고, 시내에는 도심을 지나는 교차로를 건설하는 공사도 함께 이루어졌다. 공사는 1794년 정월에 시작해서 2년이 지난 1796년 10월에 완성되었다.

그러면 정조는 과연 어떤 의도에서 수원을 새 장소로 옮겼으며 여기에 조선 최고의 성곽을 쌓았을까? 수원을 효원(孝元)의 성곽 도시라고 부르듯 여기에는 정조의 부친에 대한 효심이 크게 작용하였다. 그러나 대도시를 건설하고 성곽을 축조하는 국가적인 사업이 단지 효심만으로 이루어진 것은 아니다. 그 바탕에는 신하들에 의해 좌지우지되지 않겠다는, 굳건한 왕권을 세우려는 왕권 강화의 의지가 있었다.

신도시 화성은 서울과 삼남을 잇는 교통의 요지였다. 화성의 지세는 주산이 있는 서쪽을 제외하고는 삼면이 평탄한 개방된 곳이었다. 풍수지리설에 입각해서 사방이 산으로 둘러싸이는 전통적인 형세와는 전혀 다른 지세이다. 이것은 바로 물자의 소통이 원활하고 사람들의 왕래가 활발한 새로운 도시에 적합한 것이었다. 정조는 이 도시가 상업이 활발한 곳이 되기를 염원하여, 상인들을 유치하기 위한 특별 조처를 마련하기도 하였다. 동시에 강력한 군사력을 갖추었다. 왕은 도성을 지키는 최고 정예 부대인 장용영(壯勇營)을 둘로 나누어 그 하나인 장용외영(壯勇外營)을 화성에 두는 획기적인 조처를 취하였다.

정조는 또한 왕세자가 열다섯 살이 되는 해인 1804(갑자)년에 왕위를 아들에게 물려주고 자신은 상왕이 되어 어머니 혜경궁 홍씨를 모시고 화성에 내려와 살려는 계획을 세운 것으로 알려져 있다. 현왕(現王)과 상왕이 각각 서울과 화성에 있으면서 양대 도시를 거점으로 나라를 다스림으로써 강력한 왕권을 세우고자 한 것으로 짐작된다. 바로 이 점이 정조가 신도시 화성을 건설하고 여기에 새로운 성곽을 쌓은 진정한 동기였다고 볼 수 있다.

축성 계획과 조영의 실제

축성 계획

화성의 축성 계획에는 조선 후기에 대두된 성곽의 방어력 향상과 사회 현실의 개선을 위해 노력한 실학파 학자들의 학문적 관심이 바탕에 깔려 있었다. 그리고 이런 노력들을 집대성한 대학자 정약용의 참여로 인해 조선 후기 성곽 건축의 꽃이 필 수 있었다.

임진왜란을 겪고 난 조선은 왜적의 침입에 무력하게 무너진 방어 체제에 대한 반성을 하게 되었다. 그 가운데 특히 성곽의 방어 능력을 향상시켜야 할 필요성을 절감하였다. 임진왜란 당시 재상을 맡아 백성들의 고통을 직접 체험한 유성룡(柳成龍, 1542~1607년)은 난이 끝난 뒤 전쟁을 겪으면서 느낀 점들을 책으로 엮은 『징비록(懲毖錄)』을 저술했다. 미리 징계해서 후환을 경계한다는 뜻의 이 책에는 성곽에 관한 많은 내용이 담겨 있다.

『징비록』에서는 성곽에서 중요한 것이 치성(雉城)과 옹성(甕城)으로 조선의 성은 이런 기능을 갖춘 성이 거의 없다고 지적하고 치성과 옹성을 갖출 것을 역설하였다. 치성이란 성벽의 일부를 돌출시켜서 성벽에 접근하는 적을 측면에서 격퇴시킬 수 있도록 한 것이며, 옹성은 성문(城門) 앞에 성벽을 둥글게 또는 네모지게 한 겹 더 쌓아서 이중으로 지킬 수 있도록 한 시설을 말한다. 이런 것들은 이미 고대 중국에서부터 고안되어 활용해 왔으나 조선시대에는 특별한 곳 외에는 거의 만들지 않았다. 그 밖에 성벽 위에 낮은 담을 쌓아 몸을 숨기고 적을 공격할 수 있는 여장(女墻), 즉 성가퀴도 충분한 크기로 만들고 치성 위에는 대포를 설치할 포루(砲樓)도 만들 것을 제안하였다.

유성룡 외에도 17세기에 들어와 중국과 일본 성제(城制)의 장점을 연구하여 조선의 성을 더 견고히 할 것을 제안한 사람들로 조헌(趙憲, 1544~1592년), 강항(姜沆, 1567~1618년), 유형원(柳馨遠, 1622~1673년) 등을 들 수 있다. 강항은 오랫동안 일본에 체류한 경험을 살려서 일본의 성제가 전투시 효과적임을 강조하였으며, 조선 후기 실학의 선구자인 반계(磻溪) 유형원은 그의 저서 『반계수록(磻溪隨錄)』에서 바람직한 성의 형태를 다음과 같이 제안하였다.

즉 성은 주민이 거주하기에 충분한 크기여야 하며, 전쟁이 나면 살던 곳을 떠나서 주변의 산성으로 피난하던 종래의 방법 대신에 평시에 거주하는 읍성에서 방어할 것, 그러기 위해서는 읍성에 포루 등을 많이 설치하여 방어력을 높일 것 등을 주장하였다. 그는 특히 성안에 사람들이 많이 거주하도록 상공업을 장려하면 시장이 번성하고 주민이 부유해져서 성은 자연히 건실해진다고 보아 상공업의 활성화를 주장하였다.

읍성을 강화하는 문제가 현실적인 과제로 대두되기 시작한 것은 18세기였다. 이때에는 전반적으로 경제력이 향상됨에 따라 지방 읍성은 인구가 늘고 상업이 활발해졌으며, 그에 따라 읍성을 견고히 할 필요성이 대두되었다. 몇몇 지방에서는 기존의 읍성을 수리하면서 새로운 방어 시설을 갖추는 사례도 생겨났다. 전주성의 경우 1734년(영조 10년)에 개축하면서 치성, 옹성과 포루를 설치하였으며, 황주성, 청주성 등도 18세기에 개축하면서 옹성과 치성 등을 설치하였다.

또한 남한산성과 강화 외성에는 이전에 없었던 돈대(墩臺)를 설치하기도 하였다. 돈대란 일종의 망루(望樓)인데 강화에는 섬 주위 51개소에 바닷가를 감시할 수 있는 돈대를 새로 축조하였다. 조선 후기의 이러한 일련의 성곽 보완 노력은 뒤에 화성의 축성에 적지 않은 영향을 주었다.

조선 후기 학문 활동 가운데 가장 주목되는 실학은 사실을 토대로 하여 진리를 탐구하는 실사구시(實事求是)의 자세를 가지고 실생활에 도움을 주는 학문을 추구하는 것이었다. 실학파 학자들은 조선 사회가 직면한 여러 문제들을 관심의 대상으로 삼고 있었는데 그 가운데는 서민들의 주택 문제를 포함한 건축 구조의 개선책도 들어 있었다.

실학파 학자들은 열악한 주거 환경에서 고통받는 서민들의 주택을 개선할 수 있는 방안을 모색했다. 이 가운데 특히 중국을 다녀온 북학파(北學派) 학자들이 구체적인 개선안을 담은 글을 남겼다. 이들은 중국의 앞선 기술 문명을 직접 눈으로 보고, 낙후한 조선의 기술 수준을 향상시켜야겠다는 의욕을 가지고 저술을 통해 자신들의 주장을 펼쳤다.

실학파 학자들이 주장한 건축 구조 개선책을 한마디로 요약하면 벽돌을 적극적으로 활용하자는 것이었다. 이들은 중국의 건축물들이 대부분 벽돌을 이용하여 짓고 있으며, 그 구조가 견고하고 오래 견디며 집을 짓는 데도 편리하다는 점을 눈으로 확인하고 이를 적극 활용할 것을 주장하였다.

박제가(朴齊家)의 『북학의(北學議)』, 박지원(朴趾源)의 『열하일기(熱河日記)』 등은 이러한 주장을 펼친 대표적인 책들이다. 박지원은 『열하일기』에서 나무와 흙벽으로 된 조선 주택에 대해 화재에 약하고 쉽게 무너지며, 집을 짓는 데도 어려움이 많다고 적었다. 그리고 이런 결점은 벽돌을 활용함으로써 개선할 수 있다고 주장하였다. 특히 온돌을 벽돌로 쌓게 되면 고래의 크기가 일정하게 되고 방바닥이 평평해지고 시공도 용이할 것이라고 하였다. 그 밖에 지붕이나 벽에 대해서도 여러 가지 개선 방안을 제안하였다.

그러나 실학자들의 제안은 이것을 실행할 수 있는 권한을 가진 관리들에겐 크게 주목받지 못하였다. 다만 벽돌에 대해서만은 일부 관리들이 그 효용성을 인식하고 축성 재료로 활용하려는 시도를 보였다. 1774년 강화 유수로 있던 김시혁은 자신이 북경에 다녀온 체험을 살려 강화의 외성을 벽돌로 개축하는 공사를 실험적으로 실시하였다. 정조 때 영의정을 지낸 홍양호 역시 벽돌의 장점을 인식하여 그 활용을 왕에게 제안하였다. 그 결과 화성에서는 축성 재료로 벽돌이 대대적으로 활용되게 되었다.

이와 같이 화성은 17세기 이래로 고조된 성곽에 대한 관심과 실학파 학자들의 여러 가지 제안 등에 영향을 받아 18세기 말에 와서 새로운 성곽으로 계획되었다.

이 계획을 담당한 다산(茶山) 정약용은 당시 왕실 도서관인 홍문관 (弘文館)에 근무하고 있었다. 이곳에는 정조가 특별히 불러들인 젊은 학자들이 많이 모여 있었다. 다산은 이곳에 있으면서 중국에서 들여온 많은 새로운 책들을 접할 수 있었는데 정조가 특별히 다산에게 화성 축성을 위해서 연구하라고 건네준 책들 가운데는 서양의 과학 기술을 다룬 것도 있었다.

다산은 왕의 명을 받고 축성 한 해 전에 계획안을 작성했다. 곧 「성설(城說)」, 「옹성도설(甕城圖說)」, 「포루도설(砲樓圖說)」, 「현안도설 (懸眼圖說)」, 「누조도설(漏槽圖說)」, 「기중도설(起重圖說)」 등 모두 6편이었다. 이 글들은 화성의 기본적인 형태와 규모, 각종 방어 시설, 그리고 축성 공사와 관련한 공사 방법을 적은 것이다. 그 가운데에는 재래의 축성술을 계승한 것도 있지만 그때까지 조선의 성곽에서 설치하지 못했던 새로운 시설들이 들어 있다. 또한 돌을 나르는 데 쓰이는 운반 기계도 들어 있다.

다산이 계획한 화성의 기본적인 규모와 특징은 다음과 같다.

성의 둘레를 3,600보(步, 1보는 주척으로 6척, 약 1.18미터)로 하고 성벽의 높이는 약 2장(丈) 5척(尺)으로 함. 성을 쌓는 재료는 돌로 함. 성벽의 주변에는 호(壕)를 팜(호의 깊이는 약 1장 5척, 넓이는 7장, 바닥은 3장).

이것이 이상적인 성의 모습이라고 하였다. 이어서 성에 필요한 방어 시설로 옹성, 포루, 현안(懸眼), 누조(漏槽, 물탱크)를 들었다. 과거에는 우리나라 성곽에 옹성을 별로 설치하지 않아 서울의 동대문에만 있었음을 상기시키고, 중국의 병서에 나오는 옹성 등을 참고하여 새로 마련하는 성의 성문에는 반드시 옹성을 설치함은 물론 옹성에 갖추어야 할 여러 가지 공격용 시설을 적었다. 포루에 대해서도 중국의 병서에 나와 있는 것과 전에 유성룡이 제안했던 방안 등을 검토하여 화성에도 포루를 비롯한 유사한 기능을 가진 여러 시설을 둘 것을 제안하였다. 다산이 구상한 화성의 시설은 포루(砲樓) 7개, 적루(敵樓) 4개, 적대(敵臺) 9개, 포루(鋪樓) 2개, 노대(弩臺) 1개, 각성(角城) 7개소였다.

현안은 성벽에 설치하는 좁고 경사진 개구부이다. 이 개구부를 통해서 적을 감시하고 공격도 할 수 있도록 한 것이다. 이것을 성벽이나 치성, 성가퀴 등에 다수 설치하도록 하였다. 또 성문 위에는 적의 방화에 대비하여 물을 저장하는 누조를 만들 것도 계획에 넣었다.

이 밖에 다산은 특별히 자재를 운반하는 기구의 고안을 제안하였다. 성곽 공사에는 많은 석재를 운반해야 하기 때문에 백성들에게 큰 괴로움을 주게 되고 공사 비용이나 기간이 많이 드는 점을 고려하여 효율적으로 석재를 운반할 수 있는 기구를 활용할 것을 생각하고 자신이 직접 이러한 기구를 고안해냈다. 그 대표적인 기구가 거중기(擧重器)이다.

거중기는 여러 개의 활차(滑車)를 이용하여 무거운 물체를 적은 힘으로 들어 올리도록 고안한 장치이다. 다산은 독일인이 지은 『기기도설(奇器圖說)』이라는 책에 실린 서양의 기구 그림을 보고, 조선에서 만들어 사용할 만한 새로운 기구로 고안해냈다. 다산의 설명에 의하면,

> 활차가 무거운 물건을 움직이는 데 편리한 점이 두 가지가 있으니 힘을 더는 것이 하나요, 무거운 물건을 떨어뜨리지 않는 것이 둘이다. 100근짜리 물건을 드는 데는 100근의 힘이 필요하나, 활차 1구를 쓰면 50근, 2구를 쓰면 무게의 4분의 1인 25근의 힘만으로도 들 수 있다. 같은 이치로 활차의 수가 늘어나면 힘은 덜 들게 된다. 지금 상하 8륜이면 힘은 25배를 얻을 수 있다.

고 하고 여기에다가 "녹로(轆轤)라는 밧줄을 감는 장치를 덧붙인다면 40근의 힘으로 2만 5천근의 무게도 능히 들 수 있다"고 하였다.

이처럼 다산의 화성 계획은 기존 조선 성제의 부족한 점을 보완하면서, 당시 중국이나 서양의 앞선 문물을 충분히 활용하여 이루어진 것이다. 특히 백성들의 수고를 덜어 주고 공사의 효율을 높이기 위해 거중기 등을 고안한 점은 당시 실학파 학자들의 위민사상(爲民思想)을 잘 반영하고 있다.

화성의 계획에는 이와 같이 조선 후기의 축성에 대한 깊은 관심과 함께 그에 따른 지방 읍성 방어 시설의 구축에서 얻은 일련의 경험이 큰 역할을 하였다. 이와 함께 중국을 다녀온 실학파 학자들의 여러 가지 제안이나 강화 외성의 실험적인 벽돌 축조의 체험이 바탕이 되었다. 여기에 더하여 정조의 강력한 축성 의지와 함께 실학파 학자들의 노력으

로 이제까지의 성곽과는 여러 면에서 다른 새로운 성곽을 갖출 수 있는 여건이 마련되었다.

화성의 조영

화성의 축성 공사는 1794년에 시작해서 1796년에 완료되었다. 화성 성곽은 도시 외곽을 감싸는 5킬로미터가 넘는 긴 석축 성벽을 쌓은 다음 여기에 포루나 적대 등 각종 방어 시설을 설치하고 또 성안에 행궁(行宮)을 증축하는 등 수많은 건물을 세워야 하는 대공사였다. 이렇게 큰 공사가 2년 반 만에 완성된 것은 매우 빠르게 진행되었음을 의미한다. 게다가 지어진 성벽이나 건축물은 견고하면서도 아름다웠다.

화성 축성이 빠른 시일 안에 견고하고 아름답게 완성될 수 있었던 배경에는 18세기의 안정된 건축 기술이 있었기 때문이다. 특히 정조가 즉위한 당시 조선의 경제는 비교적 안정을 이루고 있었다. 농촌의 경제력도 향상되고 있었고 도시에서도 싱업이 활발해 지는 등 전반적으로 경제적 성장이 있었다. 그 덕분에 큰 축성 공사를 차질 없이 수행해 나갈 정도로 경제 여건을 갖추게 된 것이다.

건축 기술 수준이 향상된 것도 화성 축성을 성공리에 마칠 수 있는 중요한 발판이 되었다. 이때에는 목수나 석공과 같은 장인(匠人), 곧 기술자들의 작업 여건이 전반적으로 나아지게 되었다. 이전까지 장인들은 관청 공사와 같은 일종의 부역 노동을 반강제적인 여건에서 작업하고 있었다. 그 때문에 장인들의 작업 능률은 낮을 수밖에 없었다. 그러던 것이 18세기 후반에 이르러 장인의 부역 노동이 사라지고 일한 대가에 따라 노임을 받는 노임제(勞賃制)가 정착하게 된 것이다. 적절한 노임을 받게 됨에 따라 장인들은 자신들의 능력을 향상시키는 데 관심을 기울이게 되었고 이것이 전반적인 장인의 기술 향상을 가져오게 되었다.

집 짓는 데 소용되는 각종 자재를 확보하는 문제도 축성 공사에서는 중요한 부분이었다. 이 점에서도 화성 축성은 비교적 안정된 여건에 있었다. 본래 조선시대에는 나라의 큰 건축 공사가 있으면 모든 자재는 백성을 동원해서 직접 마련하는 방식을 취하고 있었다. 그러나 18세기경이 되면 꼭 필요한 것 외에는 상당 부분을 민간 상인에게 사오는 방식을 취하게 되었다. 예를 들어 석재나 큰 나무 같은 것은 당연히 나라에서 관리하던 산과 산림에서 가져왔다. 그러나 작은 목재나 그 밖에 건물을 짓는 데 필요한 여러 가지 자재들은 민간 상인이 판매하기 위해 확보해 놓은 것을 돈을 주고 사오는 방식을 취하였다. 이렇게 함으로써 품질을 관리할 수 있고 또 빠른 기간 내에 자재를 확보할 수 있었다.

집을 짓는 데 필요한 자금을 확보하는 것이나 장인에게 작업을 시키는 내용, 자재를 사오는 과정 등에 관해 자세한 내용을 파악하기는 쉽지 않다. 왜냐하면 이런 것들은 그 내용을 일일이 기록하지 않거나 기록해 놓았다 해도 공사가 끝나면 없애 버리기 일쑤였기 때문이다. 그런데 화성의 경우는 달랐다.

화성의 공사에서는 공사와 관련한 모든 내용을 기록으로 남겼다. 왕이 축성과 관련해서 신하들에게 당부한 내용은 물론, 공사에 종사한 감독관이나 장인들의 신상, 그들의 작업한 날짜, 집 짓는 데 들어간 모든 자재의 세세한 내용 등을 일일이 기록으로 남긴 것이다. 아무리 작은 건물이라도 그 공사에 들어간 못의 숫자까지도 빠뜨리지 않았다. 심지어는 공사 도중에 일꾼들이 머무는 임시 숙소의 크기와 숙소를 짓는 데 들어간 자재가 얼마인지, 또 공사 현장을 감시하는 경비원은 몇 명이었고, 이들에게 준 임금은 얼마였는지까지도 기록하였다.

이 기록은 공사 시작부터 끝날 때까지 치밀하게 작성되었고 공사가 끝나자 곧 책으로 정리되었다. 즉 공사 완료 5년 뒤인 1800년에 와서 활자로 인쇄하여 방대한 분량의 책으로 출간하기에 이르렀다. 이것이 그 유명한 『화성성역의궤(華城城役儀軌)』이다.

『화성성역의궤』는 수권(首卷) 1권, 본권(本卷) 6권, 부편(附編) 3권으로 이루어졌다. 첫째 권인 수권에서는 공사 일정과 공사 감독관의 명단과 직위 그리고 건물 각 부분을 그림으로 설명한 도설(圖說)이 들어 있다. 본권 제1권에서 제4권 사이에는 공사를 진행하면서 오고 간 각종 공문서와 왕의 명령, 어전 회의 내용, 상량문, 장인의 명단과 그들에게 지급한 노임 규정 등이 수록되었다. 제5권과 제6권에는 각 시설물별로 그것을 짓는 데 들어간 각종 자재의 명칭과 수량이 상세하게 기록되었으며, 그 밖에 공사에 소요된 비용의 출납 내역이 자세하게 밝혀져 있다. 부편은 화성 안에 만들었던 왕의 임시 처소인 행궁 건설에 관한 기록을 모은 것으로, 행궁 건설을 위해 오고 간 공문서와 각 상량문 그리고 행궁 안 각 건물별 소요 자재의 수량이 명시되어 있다.

이처럼 『화성성역의궤』에는 그 당시의 건설 공사와 관련된 참으로 방대한 사실들이 기록되어 있어서 오늘날 우리에게 귀중한 내용을 알려 주고 있다. 여기 기록된 내용 가운데 공사 종사자와 자재 조달 방법 그리고 공사 경비 등에 대해 간단히 살펴보기로 하자.

우선 공사 종사자는 크게 나누어 공사를 감독한 관리 계층과 직접 공사의 노역에 종사한 노동 계층으로 분류할 수 있다. 관리 계층은 주로 조정의 전·현직 관리들이었다. 공사 관리 책임을 맡은 관리 가운데 중요한 사람을 열거하면, 총리대신 영중추부사 채제공(總理大臣 令中樞府使 蔡濟恭), 감동당상 행부사직 조심태(監董堂上 行副司直 趙心泰), 도청 행부호군 이유경(都廳 行副護軍 李儒敬) 등이다.

총리대신은 공사 전체를 총괄하는 최고 책임자이다. 이 일을 맡은 사람은 이미 좌·우의정을 역임한 채제공으로, 이를 보면 화성 축성이 얼

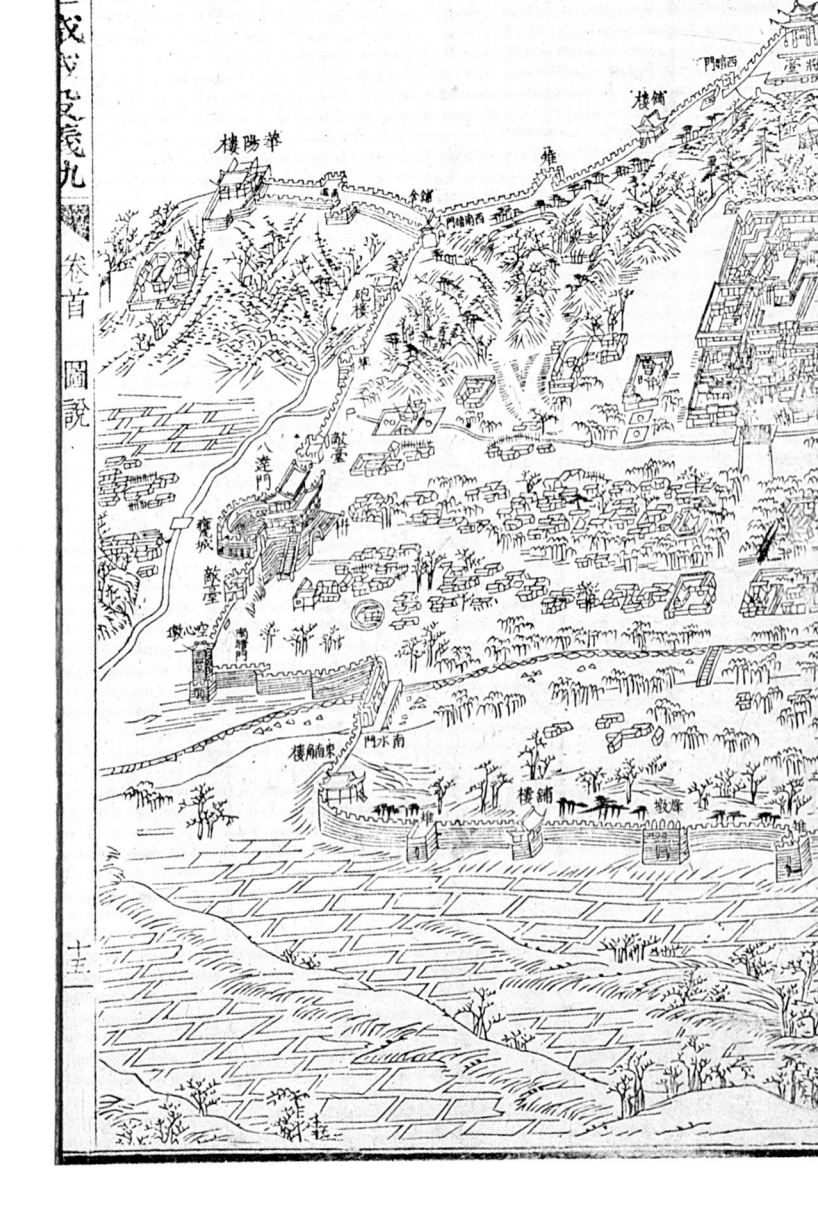

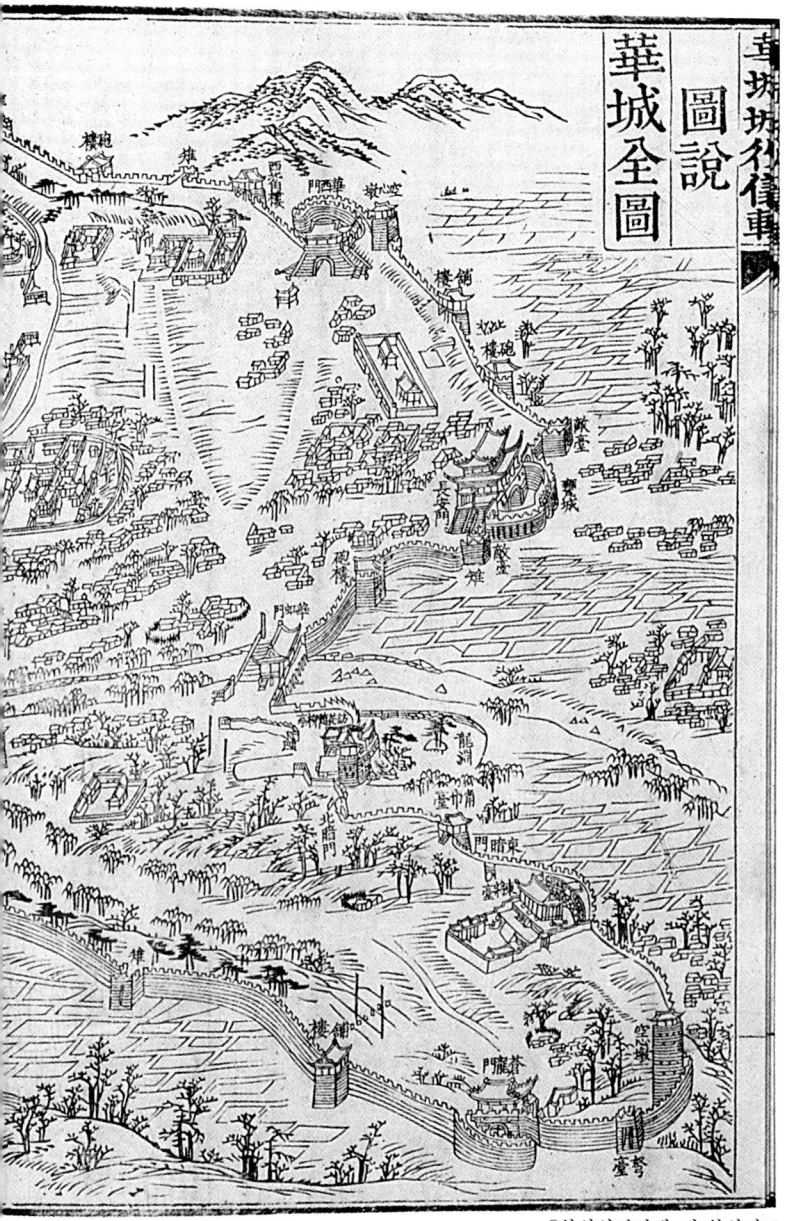

「화성성역의궤」의 화성전도

마나 비중 있는 중요한 공사였는지를 알 수 있다. 총리대신은 주로 서울에 머물면서 왕에게 공사 진척 상황을 알리고 또 다른 각부 대신들에게 공사에 필요한 협조를 구하는 일을 맡았다. 감동당상은 현장과 서울을 오가며 실제 공사가 원만히 진행될 수 있는 모든 실무 책임을 맡은 사람으로 수원부 유수를 맡았던 조심태가 담당했다. 도청은 주로 공사 현장에 상주하면서 실제로 공사가 진행되는 모든 일을 일일이 점검하고 추진하는 실무 책임이었다.

이들은 공사가 진행되는 2년 반 동안 거의 쉬지 않고 공사를 점검하고 일을 추진해 나갔다. 왕은 이들의 노고를 치하하여 몇 차례 큰 상을 내리기도 했는데, 을묘년의 원행시에는 총리대신 채제공에게 큰 호랑이가죽 한 벌, 감동당상 조심태에게는 벼슬을 한 등급 올려 주고, 도청 이유경에게는 갑옷 한 벌을 주었다. 물론 이 세 사람 외에도 공사 기간 동안에 수많은 관리들이 각기 맡은 바 책임을 다했다.

기술자들인 장인들은 모두 1,856명이 참여하였다. 장인의 직종은 석수, 목수 외에 미장이, 기와장이, 벽돌장이, 화공, 톱장이, 조각장이 등 모두 22종에 달했다. 이들 대부분은 서울과 수원 주변에서 왔지만, 목수나 석공들은 전국 각 지방에서 왔다. 『화성성역의궤』에는 모든 장인에 대해 직종별로 그 이름을 일일이 적어 놓았다. 이것은 참여한 장인의 인적 사항을 밝혀 두는 의미도 있지만 또 다른 측면으로는 공사에 대한 기술자들의 책임감을 고취시키려는 의도도 있었다. 자신의 이름이 기록으로 남게 되므로 장인들은 나중에 잘못되었을 때 책임을 묻게 되는 점을 생각해서라도 맡은 부분을 성심껏 일하지 않으면 안 되었기 때문이다.

장인들의 이름 가운데에는 권자근노미(權者斤老味), 정대노미(鄭大老味), 김어인노미(金於仁老味), 엄강아지(嚴江牙之), 지악발(池岳發) 같은 기록이 나온다. 이것은 권작은놈, 정큰놈, 김어인놈, 엄강아지, 지악발이 같은 이름을 한자로 표기한 것으로 보이는데, 아마도 별명을 그대로 적은 것도 있고 실제 그렇게 불린 사람도 있었던 것으로 보여 흥미를 끈다.

장인 가운데에는 공사 내내 참여한 사람들이 적지 않으며, 그 가운데 석공 한시웅은 서울의 내수사에 소속된 기술자로 석공의 우두머리 일을 맡으며 근 8백 일 가깝게 공사에 종사하였다. 목수 가운데에는 서울의 궁궐을 짓던 권성문과 김성인이 화성의 중요한 건축물을 짓는 우두머리로 일했다. 특이한 인물로는 장안문(長安門)의 공포 부분을 담당했던 굉흡이라는 승려가 있다. 공포는 처마 밑을 복잡하게 받치는 어려운 부분인데, 이 부분을 책임진 우두머리 목수가 강원도에서 온 승려였던 것이다. 또 벽돌을 굽는 데에는 일부러 함경도 함흥에서 최삼득, 이득실, 천창룡 등 3명의 기술자를 불러왔다. 아마도 이들은 함흥에서 오랫동안 벽돌 굽는 일에 종사한 경험이 있었던 듯하다. 이처럼 화성 축성은 전국에서 이름난 장인들을 불러모아서 일을 진행해 나갔다.

한편 장인들에게는 미리 노임 액수를 정해 놓고 작업한 날짜를 따져 노임을 주는 방식을 취했다. 이들이 받은 노임은 석수가 조수 1명을 포함해서 하루에 쌀 6되와 돈 4전 5푼씩, 목수는 하루에 돈 4전 2푼씩, 대장장이는 조수 2명을 포함해서 하루에 돈 8전 9푼씩을 받았다. 또 아무 기술이 없는 단순 노동자, 곧 모군(募軍)은 하루 2전 5푼씩을 받았다.

당시의 쌀값은 획일적으로 말할 수는 없지만 대체로 1전으로 쌀 2되 반을 살 수 있었다고 한다. 따라서 목수의 경우 하루 받은 노임 4전 5푼은 쌀 1말을 사고 조금 남는 액수가 되는 셈이다. 이 정도라면 목수의 노임은 결코 적은 것이 아니다.

자재 가운데 석재는 수량도 많고 조달하는 데 시일이 많이 걸리는 것 가운데 하나였다. 화성 축성에서는 석재 조달을 효과적으로 하고 또 그 크기를 통일시키기 위해서 특별한 방법을 택했다. 우선 공사장에서 필요로 하는 석재 종류를 여러 가지로 나누고 각각의 치수를 정해 놓았다. 즉 성 하부에 쓰이는 큰돌과 중간에 쓰이는 중간돌, 상부에 쓰는 작은 돌의 크기를 일일이 정해 두고 돌 하나의 가격을 매겨 놓았다. 그리고 규격에 맞는 돌을 가져오는 사람들에게 그 값을 치러 주는 방식을 취했다. 예를 들어 큰 성돌은 길이 3자 5치에 사방 2자로 값이 1개에 6전, 중간 성돌은 길이 3자에 사방 1자 8치로 값이 5전, 작은 성돌은 길이 2자 8치에 사방 1자 5치로 값이 3전이었다.

이것은 축성 공사에서 석재의 규격을 원하는 대로 통일시키는 좋은 방식이며, 또 자재 획득을 신속하게 할 수 있는 방안이었다. 과거처럼 백성들을 강제로 동원하여 돌을 산에서 캐오는 것이 아니고 돌의 규격과 값을 미리 정해 놓고 돈이 필요한 사람들이 자발적으로 규격에 맞는 돌을 캐와서 값을 받고 돌아가도록 한 것이다. 돌을 캐는 장소로는 공사장에서 가까운 숙지산으로 정해져 있었다.

목재는 기둥이나 대들보로 쓰이는 큰 재목은 안면도나 장산곶 같은 나라에서 관리하는 산림에서 베어오고 서까래나 송판 같은 비교적 작은 재목은 거의 대부분 민간 목재상에서 구입해 썼다. 민간 목재상은 경기 수상(京畿水上), 광주(廣州), 경강(京江), 남양(南陽), 수원부의 다섯 군데였는데 이들은 주로 한강변과 수원 일대에서 목재를 파는 상인들이었다. 그 밖에 철물이나 석탄, 석회 그리고 단청 안료들도 상당 부분을 민간 상인에게서 구입했다.

화성 축성은 방대한 규모에 비해 2년 반이라는 비교적 짧은 기간 동안에 마칠 수 있었는데 그 바탕에는 임금의 확고한 의지와 면밀한 공사 추진이 있었지만, 조선 후기 전반적인 기술 수준의 향상과 자재의 원활한 조달이 큰 비중을 차지했다. 특히 민간 상인들에 의한 자재 조달이 큰 역할을 했다. 관급 자재는 공사에 임해서 나무를 베고 먼 거리를 운반해야 되지만, 민간 매입은 공사장에서 가까운 한강변의 상인들에게서 미리 확보해 둔 재목을 사들이면 되었기 때문이다.

여기에 덧붙여 생각해야 할 부분이 자재의 효과적인 운반이다. 앞에서 말했듯이 화성을 계획한 정약용은 자재의 효과적인 운반을 위해 거중기와 같은 기구를 고안하였다. 실제로 공사 과정에서 거중기가 어느 정도의 효력을 발휘했는지는 확실치 않지만 자재 운반을 단순히 사람의 힘에만 의존하지 않고 기구를 사용한 점에서 큰 성과가 있었음은 분명하다.

화성 축성에서는 거중기 외에도 여러 종류의 기구들이 활용되었다. 그 가운데 상당수는 조선시대에 널리 쓰이던 일반적인 것이었고 일부는 다산에 의해 새롭게 고안된 것들이었다. 축성 때에 사용된 자재운반용 기구는 거중기(擧重器) 1부(部), 유형거(遊衡車) 10량(輛), 대차(大車) 8량, 별평차(別平車) 18량, 평차(平車) 76량, 동차(童車) 192량, 발차(發車) 2량, 썰매〔雪馬〕9좌(坐), 녹로(轆轤) 2좌, 구판(駒板) 8좌였다.

유형거는 다산이 고안한 또 다른 기구인데, 수레바퀴에 수평을 유지하는 장치를 달아서 경사진 곳에서도 수레가 수평을 유지하도록 한 것이다. 대차나 평차 등은 이전부터 사용하던 일반적인 수레이며, 동차는 작은 통나무 바퀴를 단 수레이다. 썰매는 바퀴 대신 썰매 날 같은 구부러진 받침 두 개를 댄 기구이며 구판은 혼자서 끄는 간단한 나무판이고 녹로는 활차 한 개와 물레를 단 간단한 물건을 들어올리는 기구이다. 사용된 기구의 수량을 보면, 거중기나 유형거 같은 새로운 기구의 수량은 많지 않았고 이전부터 널리 사용해 오던 평차나 동차 등이 주로 이용되었음을 알 수 있다.

화성 축성의 공사 비용은 모두 86만 냥이 들어갔다고 한다. 이 액수가 어느 정도의 금액인지 쉽게 가늠하기는 어렵지만, 이 시대에 3칸짜리 작은 기와집 한 채를 짓는 데 대략 5백 냥 정도가 들어갔다고 하므로 이런 집을 한꺼번에 1,700채 정도 짓는 비용이 들어간 셈이다. 이 돈은 나라에서 비축해 두었던 예비비를 앞당겨 사용했다.

돈을 사용한 내용을 보면 자재비에 32만 냥, 인건비에 약 30만 냥, 운반비에 약 18만 냥, 기타 비용에 약 6만 냥이 소요된 것으로 『화성성역의궤』에 기록되어 있다. 자재비와 운반비의 대부분은 석재의 조달과 운반에 소요되었으며, 인건비에서는 장인의 노임이 14만 냥, 모군의 고가가 13만 냥 정도였다. 기타 비용 중에는 성벽 주변의 기존 민가를 철거하고 토지를 매입하는데 약 1만 2천 냥이 들어갔다. 여기서 인건비가 전체 공사비의 3분의 1 정도가 들어간 것을 보면, 노임 지급에 따른 비용 상승이 컸음을 알 수 있다.

화성 축성에는 많은 인력과 경비, 자재 등이 투입되었다. 이들이 모두 원활히 조달되고 집행될 수 있었던 것은 무엇보다 정조 때 나라의 살림이 상당히 안정되어 있었기 때문이다. 특히 공사비를 나라에서 비축해 둔 각종 예비비에서 인출한 것을 보면 그만큼 국고가 튼튼한 상태였음을 짐작해 볼 수 있다.

화성의 여러 시설들

    화성은 전체 길이 약 5.4킬로미터로 돌로 쌓은 성벽과 이 성벽에 부수된 여러 가지 형태의 방어 시설 그리고 4개의 출입문으로 구성되며 성벽으로 둘러싸인 성안의 중심부에는 행궁이 자리잡고 있다.

    화성은 전반적으로 평탄한 지세를 갖춘 곳에 위치하고 있으며, 서쪽으로는 팔달산이, 그 반대편인 동쪽엔 낮은 구릉이 있다. 성 한가운데를 하나의 큰 하천이 북에서 남으로 흐르고 있고 이 하천을 따라 서쪽으로 시가지가 남북 방향으로 길게 펼쳐져 있다. 성벽은 팔달산 정상에서 건너편 동쪽 구릉을 연결하면서 불규칙한 모습으로 길게 이어진다.

    성벽은 경사진 지형을 따라 불규칙하게 굽어지고 높이도 일정하지 않다. 이러한 화성의 전체적인 형태는 바로 우리나라 성곽이 갖는 독특한 점인데, 이 점에 대하여 『화성성역의궤』에는 다음과 같은 설명을 달았다.

    중국의 성 만드는 제도는 반드시 안팎을 겹쳐서 쌓는데, 이것은 들판에 성을 쌓는 수가 많기 때문이다. 우리나라의 성터는 거의가 산등성이와 산기슭을 타고 쌓았다. 그런 까닭에 자연 지형을 이용하여 인공으로 쌓는 비용이 들지 않고서도 자연히 안팎 성이 되는 셈이므로 굳이 안팎으로 쌓을 필요가 없다. 이렇게 성 쌓는 제도가 다른 것은 지세에 따라서 이용하는 효과가 다르기 때문이다. 또 성은 있는데 못을 파지 않는 것을 군사상의 단점으로 생각하고 있다. 그러나 성 자체가 이미 산을 의지하고 있는데 못을 어떻게 팔 수 있으며 또 파서는 무엇에 쓰겠는가.

이와 같이 우리나라의 성은 자연 지세를 이용하여 불규칙한 형태로 쌓아 가는 데서 오히려 그 특성을 찾을 수 있다. 이제 화성의 각 시설들을 하나하나 살펴보기로 하자.

성벽

성벽은 원칙적으로 돌로 쌓았지만 일부 방어 시설은 전돌로 쌓았다. 성벽의 높이는 지형에 따라 차이가 있지만, 4~6미터 정도로 평균 5미터 안팎이다. 그리고 성벽 위에는 높이 1~1.2미터 정도의 여장(女墻)을 쌓고 여장에는 여러 개의 총구멍을 뚫어 놓았다.

성벽의 아래 부분은 큰 돌을 쓰고 위에는 작은 돌을 사용하였으며 돌은 잘 다듬은 네모난 것을 서로 이가 맞물리도록 해서 쌓았다. 화성의 성벽은 조선시대 축성술의 가장 발달된 모습을 보여 준다.

조선 초기 서울 성곽을 쌓을 때의 성벽은 장방형의 작은 돌을 가지런히 줄을 맞추어 쌓는 것이었는데 이것은 쌓기는 쉽지만 쉽게 배가 부르고 또 돌이 빠져 나오는 결점이 있었다. 성벽의 축조술은 숙종 때 들어와 북한산성을 쌓으면서 크게 진전을 보였다. 이때는 돌을 정방형으로 잘 다듬어 쌓고 서로 이를 물도록 해서 마찰력을 높였다. 화성의 성벽은 이러한 숙종 때의 개선된 축성 기법을 계승하면서 돌들 사이의 마찰력을 더 강화하는 방식으로 축조된 것이다.

『화성성역의궤』에 의하면 화성의 성벽은 위로 올라가면서 안으로 들어가다가 다시 꼭대기에서는 밖으로 돌출하는 형태로 쌓도록 정하고 있으며, 이것을 규형(圭形)이라고 이름짓고 함경도 경성에 이와 같은 성벽이 있어 그 효과가 우수하다고 하였다. 그러나 과연 실제 성벽을 쌓을 때 이러한 규형의 형태를 그대로 살렸는지는 현재 잘 확인되지 않고 있다.

성문

화성에는 동서남북 네 곳에 성문이 있다. 서울을 향한 북문이 장안문, 반대 방향의 남문이 팔달문(八達門), 동문이 창룡문(蒼龍門), 서문이 화서문(華西門)이다. 이 가운데 장안문과 팔달문은 같은 규모, 같은 형태로 지어져 화성의 남북 대문 구실을 한다.

상안문은 서울을 향하여 북향하고 서 있는데, 돌로 높이 쌓은 사나리꼴 석축 가운데 홍예문(虹霓門, 문얼굴의 윗머리가 무지개처럼 굽은 문)을 내고 석축 위에는 2층으로 된 장중한 누각을 세우고 문 앞에는 반원형의 옹성을 쌓았다. 전면의 옹성을 제외한다면 전체적인 문의 형태가 서울 남대문과 흡사하다.

홍예문에는 두 짝의 커다란 나무문을 달았는데 문에는 철엽(鐵葉)이라는 작은 철판을 대서 문짝이 불에 타지 않도록 했다. 홍예 상부에는 물통인 누조를 설치하였으며 그 안팎으로 여장을 쌓았다.

석축 위에 세운 누각은 정면 5칸, 측면 2칸의 장대한 건물로 처마에는 화려하고 복잡한 다포식(多包式) 공포를 결구하여 성의 정문으로서의 위엄을 한껏 내세웠다. 누각 내부는 1층과 2층을 따로 구분하여 그 사이에 마루를 깔았는데, 2층 마루에 올라서면 성밖을 멀리 내다볼 수 있게 되어 있다.

지붕은 우진각지붕으로 되어 있다. 우진각지붕이란 지붕 사방이 모두 경사면을 이루는 것이다. 우진각지붕은 조선시대 특별한 건물에만 사용하던 지붕 형식이다. 조선시대에 일반적으로 사용한 지붕 형식은 앞뒷면에만 경사면을 이룬 맞배지붕과 맞배지붕에 우진각지붕을 결합한 형태인 팔작지붕이었다.

우진각지붕에는 긴 추녀선이 생기는데 이렇게 긴 추녀를 만들기 위해서는 휘어진 아주 큰 나무가 필요하다. 따라서 목재가 풍부했던 고대에는 궁전에 우진각지붕을 자주 채택했지만 목재가 귀해진 조선시대에는 좀처럼 만들지 못한 형식이다. 그러나 우진각지붕은 긴 추녀선이 주는 장쾌한 외관을 갖고 있기 때문에 특별히 외관의 장중한 모습을 필요로 하는 건물에서 가끔 사용하였다. 조선시대에는 서울의 사대문 지붕이 우진각지붕이었고 경복궁, 창덕궁 등 궁궐의 정문 또한 우진각지붕이었다. 그리고 화성의 북문과 남문에서 이 우진각지붕을 채택하였다. 화성 이외의 다른 지방 도시에서 이러한 우진각지붕을 갖춘 성문은 찾아 볼 수 없다.

옹성은 반원형으로 쌓고 한가운데 홍예 형태의 출입문을 냈다. 성문 석축이 돌로 축조된 데 반하여 옹성은 모두 전돌로 이루어져 있다. 옹성은 서울 동대문에도 있지만 동대문의 옹성은 돌로 쌓았고 출입문을 가운데가 아닌 한쪽 모서리에 냈다. 장안문의 옹성에 대해서 『화성성역의궤』에

고제(古制, 옛 지도)에는 문의 왼쪽이나 오른쪽에 하나씩 설치하였는데, 이제는 사방으로 열리고 뚫린다는 뜻을 따서 한가운데에 문을 내어 정문과 마주 대하게 되었다.

고 밝히고 있다.

옹성 홍예문의 상부에는 오성지(五星池)라는 구멍 다섯 개가 뚫린 일종의 물탱크를 설치하였다. 이것은 적이 성문에 불을 질러 파괴하려고 할 때를 대비해서 만든 것으로 다른 성에는 없던 것이다. 또 문의 좌우에는 높은 대 위에서 적을 감시하고 공격할 수 있는 적대가 각각 하나씩 있다.

팔달문은 모든 규모나 형태가 장안문과 동일하다. 역시 반원형의 옹성이 있고 문 좌우에 적대가 하나씩 설치되어 있다. 동문인 창룡문은 장안문에 비해 문의 규모도 작고 형태도 간략한 편이다. 창룡문에도 옹성이 있는데 출입구가 서울 동대문처럼 한쪽 모서리에 있다. 화서문의 제도는 창룡문과 거의 비슷하다.

암문

성곽에는 흔히 깊숙하고 후미진 곳에 적이 알아차리지 못하는 출입구를 내어 사람이나 가축이 통과하고 양식을 나르도록 하는 암문(暗門)을 설치한다. 화성에는 모두 다섯 곳에 암문이 설치되어 있는데 북암문, 동암문, 서암문, 서남암문, 남암문이다. 다섯 암문은 모두 전돌로 쌓고 홍예문을 낸 형태로, 각기 지형 조건에 따라서 모습이 조금씩 다르다.

이 가운데 방화수류정(訪華隨柳亭) 바로 옆에 있는 북암문은 비교적 사람들의 출입이 많은 곳에 자리잡고 있고 그 형태가 잘 정돈된 모습이다. 전돌로 쌓은 홍예문 위에 반원형의 작은 벽을 쌓아서 적의 공격을 막을 수 있게 하였다. 서암문은 팔달산 꼭대기에 있어서 사람들의 출입이 가장 어려운 위치에 있다. 성벽이 서로 어긋나는 곳에 암문의 출입

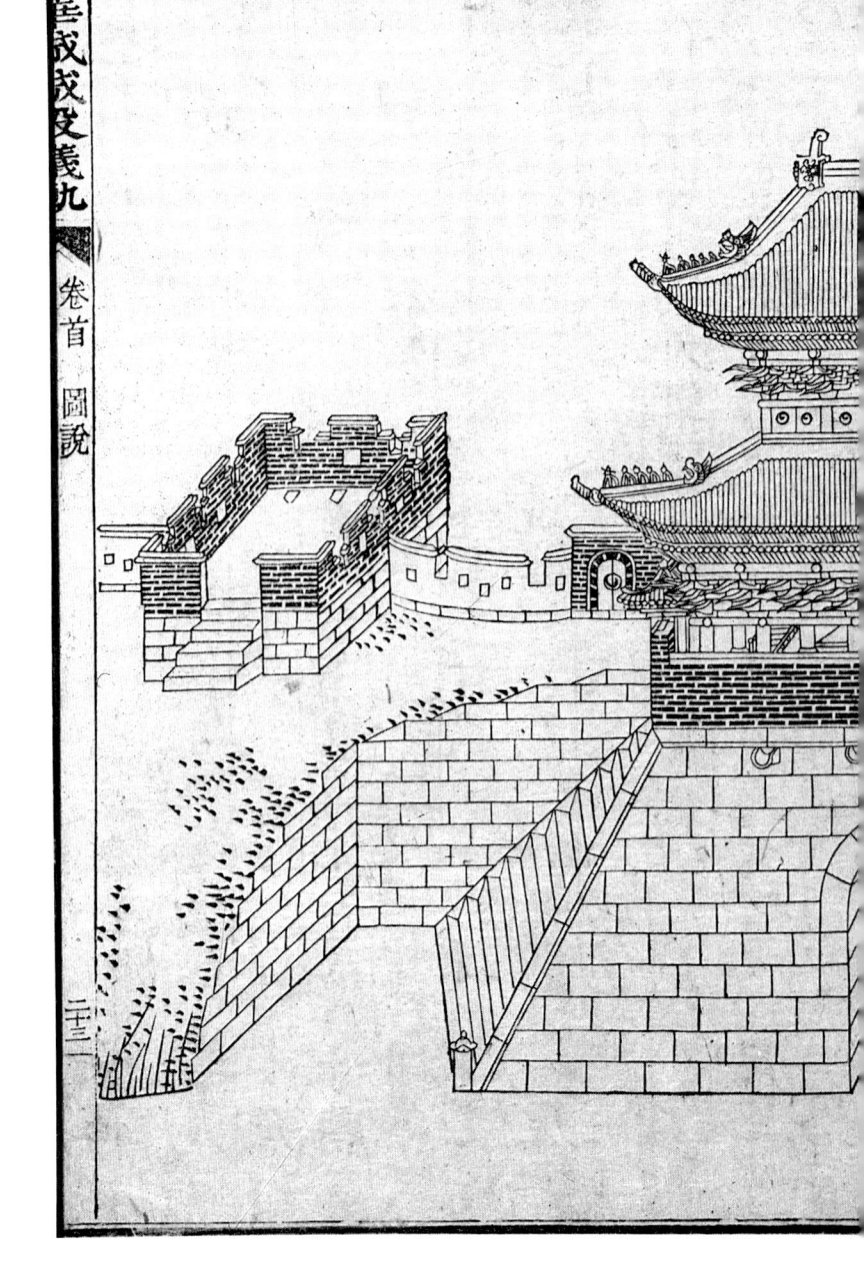

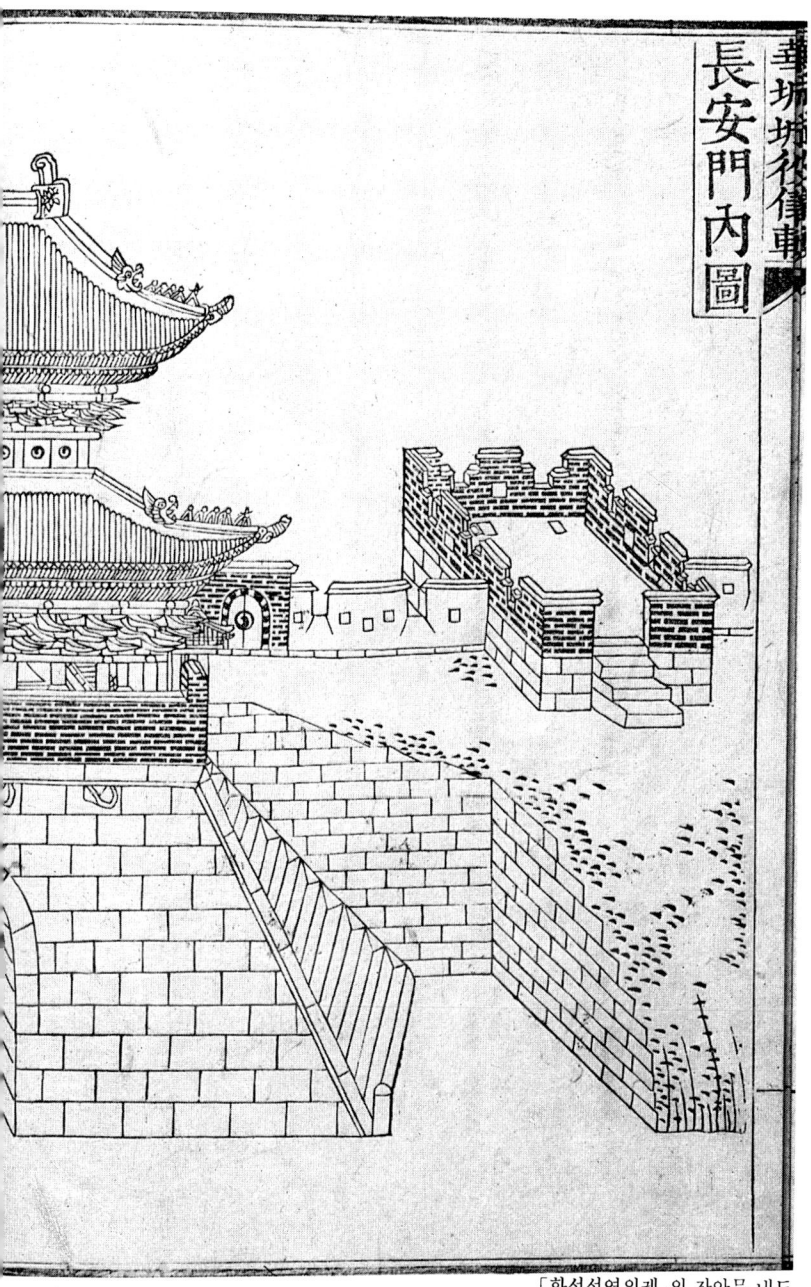

「화성성역의궤」의 장안문 내도

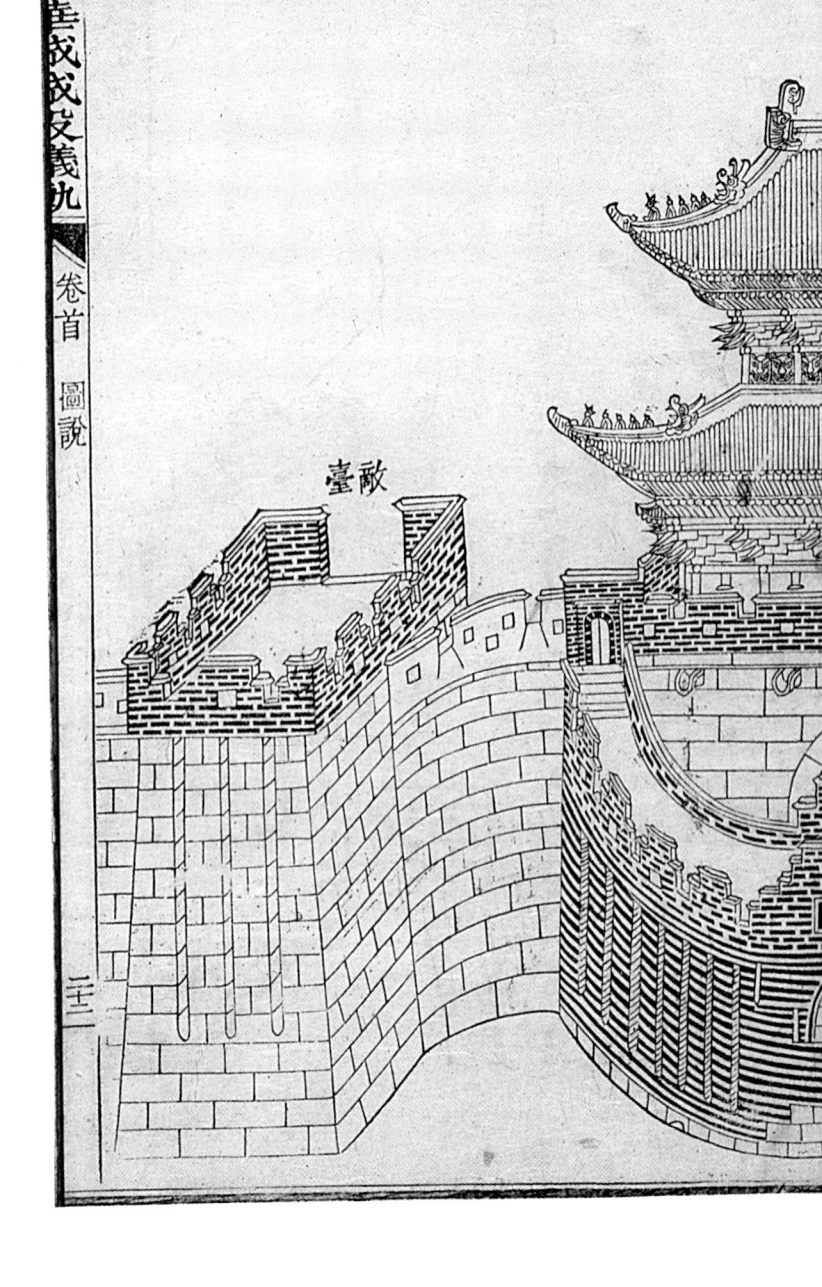

敵臺

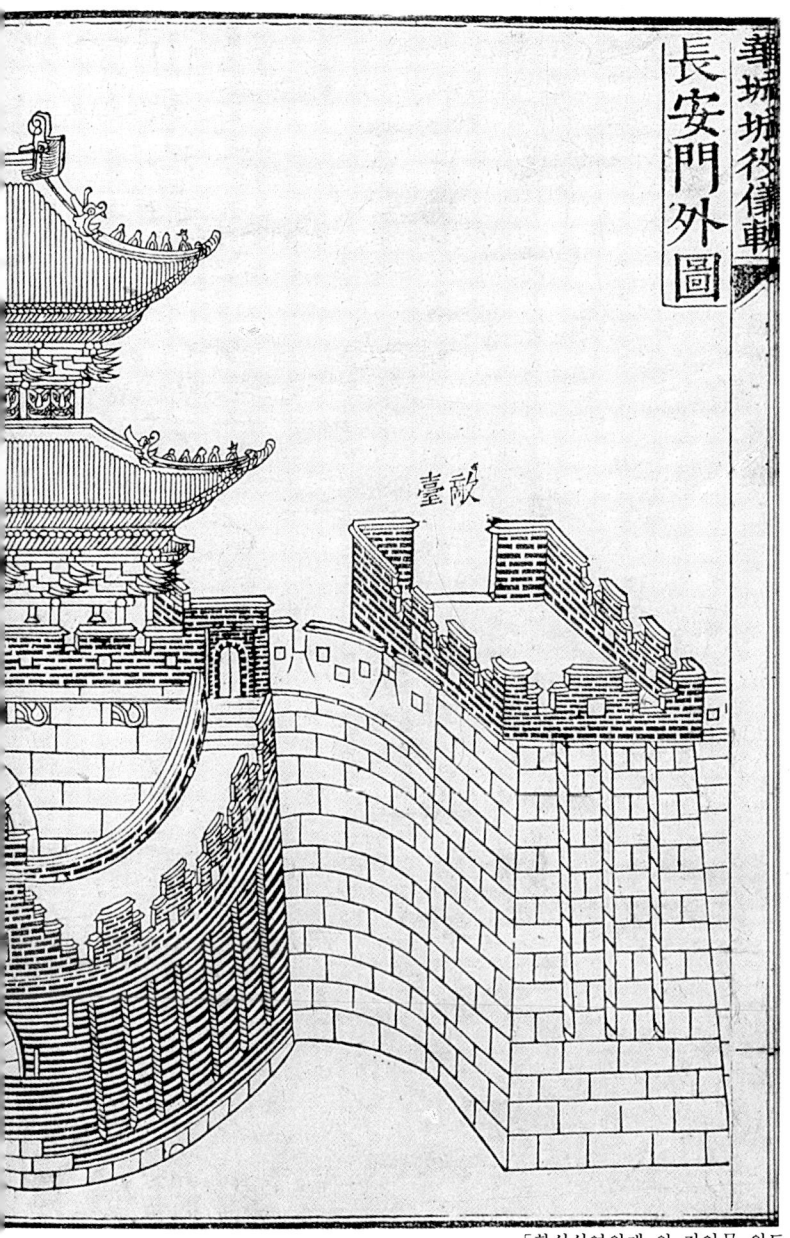

臺敵

「화성성역의궤」의 장안문 외도

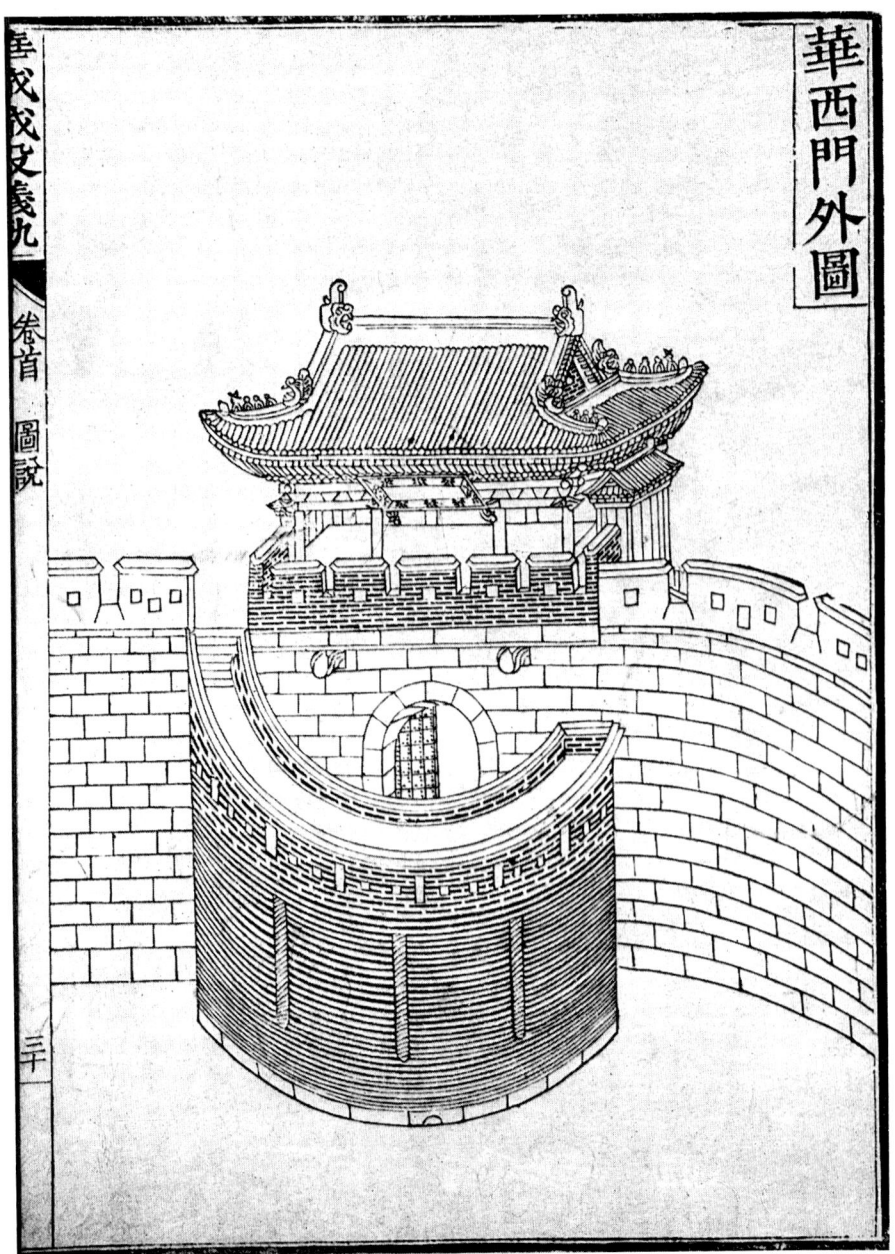

三十

「화성성역의궤」의 화서문 외도

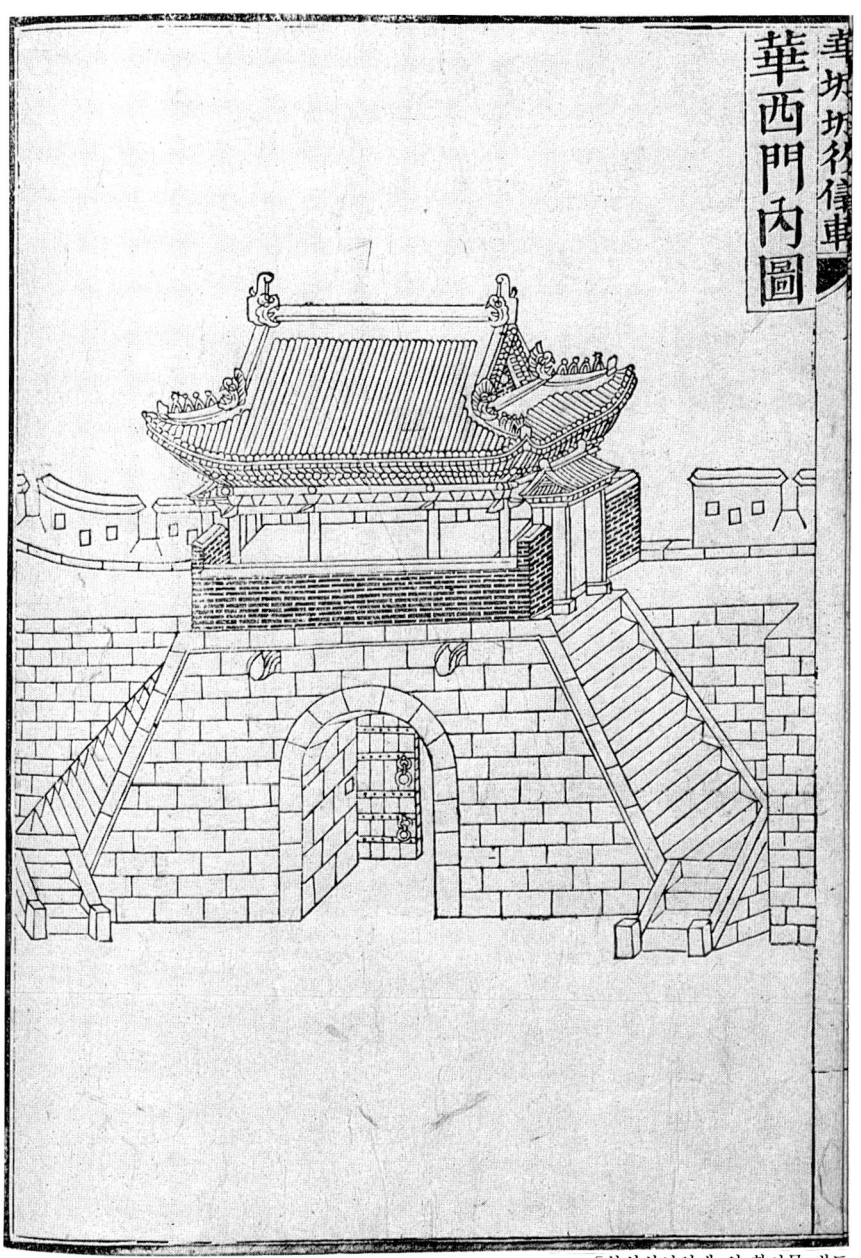

「화성성역의궤」의 화서문 내도

문이 놓여서 밖에서 성문을 볼 수 없도록 한 것이 특징이다.

암문 위에는 따로 건물을 세우지 않지만 서남암문의 경우에는 예외적으로 포사(鋪舍)라고 부르는 일종의 망루를 세웠다. 이곳은 팔달산 한쪽의 높은 곳으로 성의 서남 방향에서 가장 조망이 좋은 곳이기 때문에 특별히 적을 감시할 수 있는 망루를 설치한 것이다. 이 포사는 한 칸 사방의 규모로, 안에는 온돌방이 있고 사면에 판자문을 대고 그 문에는 짐승 얼굴을 그려 넣었다.

수문

화성에는 북쪽에서 남쪽으로 성내를 관통하는 대천이라고 부르는 하천이 흐르고 있다. 이 하천과 성문이 만나는 곳에 수문(水門)을 두었다. 수문은 북수문과 남수문이 있으며, 각 수문에는 돌로 쌓은 홍예문 수구가 있는데 이곳으로 물이 흐르도록 하였다.

북수문에는 물이 이를 수 있는 일곱 개의 홍예 수문이 있고 그 위에는 화홍문(華虹門)이라는 누각이 세워져 있다. 북수문이 있는 곳은 용연이라는 연못이 있고 경관이 아름다워서 이곳에 누각을 세워 주변 경치를 감상할 수 있도록 한 것이다. 누각은 정면 3칸, 측면 2칸 규모의 건물로 사면에 분합문을 달고 동, 서, 남 삼면에 난간을 달았다. 북쪽은 성 바깥이 되므로 전돌로 성가퀴를 높이 쌓고 여러 개의 총구멍을 냈다. 이 주변은 넓은 바위 위로 맑은 물이 흐르며 일곱 개 홍예가 열을 지어선 빼어난 경관을 자랑하는 곳이다.

이와는 대조적으로 남수문은 단지 아홉 개의 홍예문을 내고 그 위에 통로를 만들었다. 여기에는 장포(長舖)라고 하는 전돌로 만든 긴 건물을 세웠다. 장포 안에는 수백 명이 들어갈 수 있도록 하고 많은 대포

쏘는 구멍을 설치해서 이곳을 지키도록 했다. 수문 외에도 성안의 물을 조절하는 곳으로 남은구(南隱溝)와 북은구가 있다. 은구는 가는 물줄기를 설치해서 성안의 물을 빼내는 장치이다.

장대

장대(將臺)란 성 주변 사방을 살피면서 장병들을 지휘하던 곳으로, 서장대와 동장대가 있다. 서장대는 팔달산 정상에 자리잡고 있어서 이곳에 오르면 성 전체가 한눈에 들어온다. 장대석으로 대를 쌓고 그 위에 2층 지붕의 건물을 세웠다. 건물 모습은 남한산성의 수어장대와 같이 하층을 개방하고 상층은 폭을 크게 좁힌 독특한 것이다. 서장대 뒤편에는 노대를 세웠는데, 이곳은 쇠뇌(여러 개의 화살이 잇달아 나가게 만든 활)를 쏘는 노수(弩手)가 머물던 곳이다.

동장대는 성의 동북쪽에 있다. 이곳은 지형이 높지는 않지만 사방이 트여 있고 언덕의 능성이가 솟아 있어서 동쪽의 요지가 된다. 3단으로 쌓은 대가 있고 각 단 사이는 계단 대신 경사로를 만들어 말을 타고 건물에 도달할 수 있도록 하였다. 건물은 정면 5칸, 측면 4칸의 익공식 팔작지붕 건물이다. 주변에 터를 넓게 잡아 동서 180보, 남북 240보의 조련장을 두었다. 동장대 부근에도 역시 노대를 두었는데 이 동북 노대는 치성 위에 전돌로 대를 높이 만들어 성벽 밖으로 돌출되어 있다.

공심돈

돈은 일종의 망루인데, 이미 남한산성과 강화도의 해안가에 설치한 적이 있다. 그러나 공심돈(空心墩) 즉 돈의 내부를 비워 군사가 이 안에 들어갈 수 있도록 한 것은 우리나라에서는 화성이 처음이다. 중국의 병서인 『성서(城書)』에는 공심돈을 가리켜

벽돌로 삼면에 섬돌을 쌓고 그 가운데를 비워 둔다. 널빤지로 누를 만들어 가운데를 2층으로 구분한 다음 나무 사다리를 놓고, 위아래에 공안을 많이 뚫어서 바깥의 동정을 살필 수 있게 한다. 불랑기(佛狼機, 중국 명나라 때 사용하던 유럽에서 전래된 대포), 백자총(百字銃, 손으로 불씨를 점화하여 발사하는 화포) 등을 발사하여도 적으로서는 화살이나 총탄이 어느 곳에서 날아오는지 모르게 되어 있다.

고 풀이하고 있다.

화성에는 서북공심돈, 남공심돈, 동북공심돈 등 모두 세 군데에 공심돈이 설치되어 있다. 서북공심돈은 화서문 북치(北雉) 위에 있는데 치의 높이는 15자이고 그 위에 전돌로 돈대를 네모지게 높이 쌓았다. 높이 18척이고 아래 넓이는 23척, 위 넓이는 21척으로, 위로 갈수록 좁아진다. 내부는 3층으로 꾸며 2층과 3층 부분은 마루를 깔고 사다리로 오르게 되어 있다. 돈대의 꼭대기에는 포사를 지었으며 돈대 외벽에는 총안(銃眼, 총을 내쏠 수 있도록 뚫어 놓은 구멍), 포혈(砲穴) 등을 뚫었다. 남공심돈은 동치(東雉) 위에 세워져 있다. 서북공심돈과 같은 제도이고 규모가 조금 작다. 꼭대기에 건물을 지었는데 판문을 달지 않고 사방을 개방했다고 한다.

동북공심돈은 큰 원통 모양으로, 화성에서 가장 특이한 건물의 하나이다. 동장대 옆 동북 노대 서쪽에 위치하며, 중국 요동 지방의 돈을 모방해서 전돌로 둥그렇게 만들었다고 한다. 높이 17척 5촌, 바깥 둘레 122척, 안쪽 둘레 71척에 벽두께는 4척이며 내부에 나선형의 계단

을 설치했다. 계단이 나선형으로 되어 있어 소라각이라고도 한다.

벽에는 여러 개의 총안이 있어 안에서 공격할 수 있도록 하고 안에 빛이 들어올 수 있도록 고안하였다. 그 위에는 정면 2칸, 측면 1칸의 건물이 있다. 건물 제일 아래쪽에는 온돌방을 들여 군사들이 숙직하도록 하였다. 또 돈대의 벽 중간에는 열쇠 구멍처럼 생긴 화살 구멍을 두었는데 이곳을 통해 내부의 물이 흘러 나가게 되어 있다.

이 동북공심돈은 그 형태도 원통형으로 특이하지만, 안에 나선형의 계단을 두고 곳곳에 군사들이 머물면서 적을 감시할 수 있는 기능에 알맞도록 각종 총안이나 개구부를 세심하게 설치한 점이 주목된다. 이 건물은 조선시대 어디에서도 비슷한 예를 볼 수 없는 유일한 것이다.

각루

성밖의 상황을 잘 감시할 수 있도록 높고 사방이 훤히 열린 위치에 누각 모양의 건물을 세운 것을 각루(角樓)라고 한다. 화성에는 동북각루, 서북각루, 서남각루, 동남각루 네 곳이 있다. 이 가운데 외관이 가장 빼어난 건물이 동북각루이다.

방화수류정이라고도 부르는 이 건물은 그 형태가 불규칙하면서도 조화를 이루고 주변 경관과 어울림이 뛰어난 건물로 조선시대 정자 건물의 높은 수준을 잘 반영한다. 북쪽 수문인 화홍문에서 동쪽으로 경사진 언덕 위에 자리잡고 있다. 아래쪽에는 용연(龍淵)이 있고, 이것이 내려다보이는 곳에는 용두(龍頭)라는 바위 위에 세운 누각이 있다. 『화성성역의궤』에는 주변 형세에 대해

광교산의 한쪽 기슭이 남으로 뻗어 내려 선암산이 되었고 다시 서쪽으

로 감돌아 수리(數里)를 내려가 용두에서 그치고 북쪽을 향하여 활짝 열렸다. 용두라는 것은 용연 위에 불쑥 솟은 바위이다. 성이 이곳에 이르러 산과 들이 어울리게 되고, 물이 모여 아래로 흘러 대천에 이르게 되었으니 여기야말로 실로 동북 모퉁이의 요충지이면서 장안문을 안에 안고 화홍문과 이어져 쇠뿔처럼 마주서서 일면을 제압하고 있다.

라고 기록되어 있다.

이처럼 동북각루가 있는 곳은 전략상으로도 중요할 뿐 아니라 주변 경관도 뛰어난 곳인데 여기에 또한 빼어난 건축미를 갖춘 누각을 세워 놓은 것이다. 평면 형태는 ㄱ자형으로 꺾인 데다가 북쪽으로는 다시 凸자형의 돌출 부분이 첨가된 복잡한 모습이다. 여기에 방향을 바꾸어 ㄱ자 모양의 기단이 설치되고 건물 주변에는 난간이 설치되어 변화를 주었다.

이 건물에서 특히 눈길을 끄는 부분은 화홍문 쪽에서 보이는 북쪽 벽면이다. 누각 아래층 부분의 벽면 좌우 기둥 사이 공간은 벽돌과 모래 흙으로 모자이크 문양을 이루고 있는데, 벽돌이 가지는 의장 효과를 적절히 살렸다. 특히 이 부분은 화홍문에서 바로 올려다보이는 곳이므로 독특한 벽면 문양이 한층 돋보인다. 평면의 형태가 복잡한 만큼 지붕도 단순하지 않다. 팔작지붕의 꺾이고 펼쳐지는 면이 여러 겹으로 전개되면서 우리나라의 다른 건물에서는 좀처럼 보기 어려운 외관을 보인다.

더욱이 지붕 각 마루의 희게 회칠한 양성과 그 위에 올려 놓은 취두(鷲頭), 그리고 지붕 한복판 위에 놓은 절병통(節瓶桶) 등이 보는 이의 눈을 즐겁게 한다. 서북각루는 화서문의 남쪽 산 위 굽은 곳에 있다. 정면 2칸, 측면 2칸으로 동북쪽은 마루를 깔고 사면에 평난간을 둘렀다. 위에는 판문을 설치하고 바깥면에는 모두 짐승의 얼굴을 그리고 화살 구멍을 냈다.

서남각루는 일명 화양루(華陽樓)라고도 하는데 성의 서남쪽으로 멀리 떨어지고 높은 지점 경치 좋은 곳에 따라 우뚝 서 있다. 정면 2칸이고 측면 3칸으로, 앞의 4칸은 바닥에 전돌을 깔아 3면을 개방하였고 뒤의 2칸은 방을 들였다. 이 서남각루가 있는 곳은 이른바 용도(甬道)라고 하여 양쪽으로 성가퀴를 쌓고 그 사이에 좁고 길게 길을 낸 곳으로, 서남암문 밖으로 이어지게 되어 있다. 서남각루는 바로 이 용도 끝에 위치하고 있으므로 이 건물은 경관을 즐기기보다는 방어의 요충을 견고히 하기 위해 세워진 것이라고 보아야 할 것이다. 그런데도 건물 자체는 미적 조화를 잃지 않으면서 요충지의 군사적 목적을 충실히 달성하고 있다.

포루

　포루(砲樓)는 치성 위에 건물을 세우고 여기에 화포(火砲)를 설치하여 적을 공격하도록 한 것이다. 전돌을 쌓은 벽과 3층으로 이루어진 내부가 있다. 벽면에는 총안을 뚫고 성가퀴에는 열쇠 구멍 모양으로 적을 감시할 수 있는 구멍을 내서 주변을 감시할 수 있도록 하였다. 서포루, 북서포루, 동포루, 동북포루, 남포루의 다섯 포루를 설치하였다.

포루

　포(舖)는 순라군(밤에 사람의 통행을 금하고 순찰을 돌던 군졸)이 머무는 곳으로, 이 포루(舖樓)는 치성 위에 순라군이 머무는 집을 갖춘 것을 뜻한다. 모두 다섯 군데 설치되어 있는데, 동북포루, 서포루,

북포루, 동1포루, 동2포루 등이다. 이 가운데 동북포루는 일명 각건대(角巾臺)라고 부른다. 방화수류정 동쪽으로 지세가 갑자기 높아져서 용두를 굽어보는 곳에 있는데, 멀리서 바라다보이는 모습이 처사(處士)들이 머리에 쓰는 각건과 비슷한 데서 이런 이름이 생겼다.

봉돈

봉돈(烽墩)은 행궁과 성을 지키며 주변을 정찰하여 인근에 사태를 알리는 역할을 하는 일종의 통신 시설이다. 다섯 개의 커다란 연기 구멍을 두어 신호를 보낼 수 있도록 하였는데, 성벽 일부를 치성처럼 밖으로 돌출시키고 아래는 돌로 쌓고 위는 전돌을 성벽보다 높게 쌓아 그 상부에 성가퀴를 두었다.

평상시에는 다섯 개의 연기 구멍 가운데 남쪽 첫번째 구멍에서 횃불 하나를 올리는데, 이것은 동쪽으로는 용인의 석성산과 서쪽으로는 화성부 바닷가의 흥천대와 통하도록 되어 있다. 나머지 네 구멍은 긴급한 일이 있을 때에만 연기를 올렸다.

화성 행궁

　화성 행궁은 왕이 현륭원에 행차할 때 머물기 위해 건립한 것이다. 정조 13년 현륭원을 옛 수원읍에 옮기고 수원을 새 장소로 이전하면서 처음 건립한 것으로 건물을 대폭 증축해 그 면모를 새롭게 했다.

　왕이 지방에 행차할 때 머무는 임시 처소인 행궁은 기능상 크게 셋으로 구분할 수 있다. 첫째는 전란 때 난을 피해 머물던 곳이고, 둘째는 지방의 능에 참배하러 갈 때 머물던 곳, 셋째는 온천지 등에 휴양을 위하여 행차하면서 머물던 곳이다. 이 가운데 화성 행궁은 능에 참배하러 갈 때 머물기 위한 행궁으로 건립되었다.

　처음 수원을 팔달산 아래로 옮기고 나서 객사나 향교를 새로 세울 때 행궁도 함께 조성되었다. 행궁 건물은 평상시에는 수원 부사가 관청으로 사용하다가 왕이 화성에 내려오면 왕의 숙소로 이용되었다. 정당인 28칸의 장남헌(壯南軒), 수원 부사의 숙소로 이용하는 36칸의 내아(內衙)가 있고, 주변에 여러 부속 건물들이 있으며, 6칸의 누각을 갖춘 정문인 진남루(鎭南樓)가 지어졌다.

　화성 행궁은 화성 축성이 시작된 정조 18년에 대대적인 증축이 이루어졌다. 이듬해인 을묘년에 왕이 혜경궁 홍씨를 모시고 이 건물에서 회갑연을 베풀기 위해서였다. 아울러 건물의 명칭도 혜경궁 홍씨의 회갑연에 맞추어 새로 고쳤다.

증축을 통해서 면모를 새롭게 한 행궁의 모습을 보면, 우선 정문인 신풍루(新豊樓)가 정면 3칸의 2층 누문 형식으로 지어졌고 누문을 들어서면 중문인 좌익문(左翊門)이 마당 뒤쪽 한가운데 자리잡고 있다. 좌선문 오른쪽으로는 객사인 우화관(于華館)이 이어지고 왼쪽에는 외정리소(外整理所), 비장청(裨將廳) 등 관리들이 일하는 관청이 있다.

좌선문을 들어서면 다시 한가운데 제2의 중문인 중양문(中陽門)이 있다. 중양문 왼쪽으로는 주택풍으로 지은 건물인 유여택(維與宅)이 울타리 안에 있다. 중양문을 들어서면 드디어 화성 행궁의 정당인 봉수당(奉壽堂)에 이른다. 봉수당의 뒤편에는 왕이 화성에 내려올 때 숙소로 이용하던 장락당(長樂堂)이 있다. 장락(長樂)은 한(漢)나라 궁실의 이름인데, 왕이 능행 때 이곳에 와서 머문다는 뜻을 지닌다. 그 옆으로 수원 부사의 숙사인 복내당(福內堂)이 있다. 봉수당 오른쪽으로는 낙남헌(洛南軒)이 있는데 이곳에서는 왕이 수원 지역 노인들을 불러모아 잔치를 베풀기도 했다.

화성 행궁의 여러 건물 가운데 정당인 봉수당, 내아인 복내당, 별당인 유여택과 정문인 신풍루는 이미 수원을 팔달산 아래로 옮길 때부터 있었던 건물이다. 여기에 화성 축성을 하면서 새로 더 추가해서 지은 건물이 장락당, 낙남헌, 외정리소 등이다. 그리고 각 건물 주변에도 여러 겹으로 행각을 새로 추가했다.

당초 행궁 정당의 이름은 장남헌이었다. 굳세다, 장중하다는 뜻의 장(壯)자에 남녘 남(南)자를 써서 서울 남쪽의 장중한 관청을 상징했다. 그러던 것을 을묘년 원행에 맞추어 이름을 '봉수당'으로 고쳤다. 이름에 대해서 왕 자신이 그 뜻을 풀이하기를, 어머니 혜경궁 홍씨의 회갑을 맞아 잔을 올려 장수를 기린다는 의미라고 하였다.

1795년 을묘년 윤 2월, 조선 후기 최대의 지방 행사가 된 원행이 이루어졌다. 왕과 혜경궁 홍씨가 탄 화려한 가마는 노량진에 이르러서는 배다리를 띄워 강을 건넜다. 다음 시흥을 지나 화성에 왕의 행렬이 당도한 것은 그달 10일로, 이날부터 3일 동안 화성은 최고의 순간을 맞았다. 서장대 꼭대기에서는 기념 화포가 터지고 행궁 앞마당에서는 무희들의 아름다운 춤이 벌어졌으며 행차에 참여한 사람들에게는 일일이 잔칫상이 내려졌다. 밤에도 집집마다 대문에 등불을 달아 밤길을 밝혔고, 낙남헌에서는 예순 넘은 노인에게 잔치가 베풀어지고 신풍루에서는 백성들에게 쌀을 주는 행사가 벌어졌다.

이 모든 행사 내용이 『원행을묘정리의궤(園幸乙卯整理儀軌)』라는 책에 상세히 기록되어 있다. 여기에는 잔치에 제공되었던 음식물의 종류에서부터 사용한 수저 숫자까지 일일이 기록되어 있다. 이 책의 압권은 채색으로 묘사된 왕과 혜경궁 홍씨의 행차 전경을 담은 그림으로 수백 명의 군인들과 행차에 참여한 인물들을 하나하나 정성껏 묘사하였다.

뜻 깊은 행사가 베풀어졌던 화성 행궁은 20세기 초에 와서 수난을 겪었다. 본래의 기능을 상실한 건물은 서양식 병원으로 바뀌어 일제강점기에는 도립병원으로 이용되었다. 낙남헌을 제외한 행궁의 모든 건물이 철거되어 사라지고 그 자리에는 볼품없는 2층짜리 병원 건물이, 그 옆의 개사에는 초등학교가 들어섰다. 이렇게 해서 정조의 이미니에 대한 지극한 효성의 상징이었던 화성 행궁은 사라지고 말았다.

다행히 1990년에 들어서면서 수원의 여러 인사들이 행궁을 되살리기 위해 백방으로 노력을 기울였다. 낡고 비좁은 2층짜리 병원 건물을 헐고 그 자리에 현대식 건물을 세운다는 수원시의 계획을 알고, 본래 이 자리에 있던 행궁을 되살릴 것을 역설하였다. 수차례에 걸친 설득과 노력 끝에 드디어 행궁의 복원이 결정되었다. 이것은 수원의 문화를 지키고자 한 시민 운동의 큰 결실이었다.

화성 행궁의 복원은 순조롭게 진행되고 있다. 2백 년 전 정조가 어머니 혜경궁 홍씨에게 장수를 빌며 술잔을 올렸던 봉수당도 다시 세워졌고, 그뒤 마루가 연결되면서 왕이 머물던 장락당도 복원되었다. 나머지 유여택, 정리소 등 여러 건물들이 하나 둘씩 다시 제 모습을 찾고 있다. 화성 행궁은 다시금 옛 화성의 상징물로 현대에 재생되고 있는 것이다.

화성의 특징과 그 의미

    화성은 공심돈을 비롯해 포루나 치성 등 각종 방어 시설이 가득 설치된 점에서 조선시대 다른 성곽에서 보기 어려운 특징을 갖는다. 화성에 이처럼 새로운 방어 시설이 많았던 이유는 화성 행궁이 자리잡고 있었고, 많은 상점이 늘어서 있어 주민들의 삶이 이어지는 도시 화성을 지키기 위함이었다.

    우리나라의 성곽은 전통적으로 읍성과 산성의 2원 구조를 이루고 있었다. 읍성은 평상시 주민들이 거주하던 곳에 쌓은 성이고, 산성은 유사시를 대비하여 읍성 주변 험준한 산속에 성을 쌓아 두고 적의 침입이 있을 때 이곳에 들어가 항전하도록 만든 것을 말한다. 이런 읍성과 산성의 2원 체제에 대한 역사는 멀리 삼국시대 이전으로 거슬러 올라간다.

    중국이나 북방 오랑캐들의 침략 위협을 안고 있던 한반도는 일찍부터 적의 침입에 대한 방비(防備, 적의 침입이나 재해 따위를 막을 준비를 함)에 노력하였다. 그러한 노력의 하나가 산성을 갖추는 것이었다. 우리나라의 산은 어느 곳이나 식수가 풍부하고 골짜기가 잘 발달되어 있어서 이곳에 적당히 성벽을 쌓고 지키면 장기간의 항전이 가능한 조건을 지니고 있었다. 고구려가 강대한 중국에 맞서 적의 공격을 물리칠 수 있었던 것도 이러한 산성을 이용한 지리 조건을 잘 활용한 결과였다.

산성의 전통은 고려시대를 거쳐 조선시대로 이어졌다. 서울 주변에는 남한산성과 북한산성이 있어서 도성의 취약점을 보완해 주었다. 또 지방 각 도시에도 읍성 가까운 곳마다 산성이 갖추어져 있었다. 이러한 읍성과 산성의 2원 구조는 한반도의 지리적인 특징을 살려 그에 적절히 대응해 온 우리 민족의 지혜의 산물이라고 할 수 있다.

그러나 평상시에 읍성에 거주하다가 유사시 산성에 피난하는 것은 적지 않은 희생이 뒤따랐다. 읍성 안에 남아 있던 집이나 재산은 모두 잃어버리는 결과를 초래하였다. 조선 후기가 되면서 백성들의 살림살이가 전반적으로 나아지게 되자 읍성을 버리고 산성으로 피난 가는 것에 대한 의문이 생겼다. 산성에 들어가면 목숨은 건질 수 있지만 재산상의 손실이 너무 컸던 것이다. 더구나 경제가 나아진 18세기 이후에는 그런 문제가 더 크게 부각될 수밖에 없었다. 18세기에 들어와 전주 읍성이나 청주 읍성, 황주 읍성 등이 새롭게 개축된 것도 읍성에 대한 관심이 높아진 결과였다.

화성은 이러한 읍성과 산성의 2원 구조를 버리고 읍성을 튼튼히 지키도록 만들어진 성곽이었다. 그러기 위해서 화성에는 이전에 다른 읍성에서 만들지 않았던 각종 새로운 방어 시설을 설치하였다. 이것은 읍성의 강화가 절실하게 요구되던 18세기의 시대적 요구에 대한 적절한 대응이었다.

그러나 화성은 이전의 성곽과 전혀 다른 것은 아니었다. 화성은 우리나라 성곽이 갖는 전통적인 장점은 그대로 계승하면서 여기에 읍성의 방어력을 강화하기 위한 여러 가지 시설을 새롭게 추가한 성곽이다.

화성의 성벽은 팔달산의 능선을 따라 길게 이어지며 전체 형태는 불규칙한 모습을 하고 있다. 성벽은 경사진 지형의 특징을 살려 성 바깥

쪽은 수직의 성벽을 돌로 쌓고, 안쪽은 흙을 경사지게 높게 쌓아 올려 군사들이 그 위에 서서 성밖을 감시할 수 있도록 하였다. 경사진 지형을 살려 성벽을 한쪽만 쌓는 것을 내탁(內托)이라고 부른다. 이것은 평지에서 성벽의 안팎을 모두 돌로 쌓는 협축(夾築)이라는 방식에 비해 성벽 쌓는 수고를 덜고 성벽이 쉽게 무너지지 않도록 하는 효과가 있다. 산이 많은 우리나라에서는 전통적으로 이 내탁 방식으로 성벽을 쌓아 왔다.

화성은 산이 많은 우리나라에서 발달한 고유한 축성술인 지형을 살린 축성과 내탁 방식을 따르고 있다. 그러면서 시대적 요구에 부응하여 읍성의 방어력을 강화하기 위한 새로운 방어 시설을 많이 설치한 것이다.

또한 화성의 성벽은 조선시대를 통해서 발전해 온 성벽 축조 기법의 가장 완성된 단계를 보여 준다. 즉 화성의 성벽은 일정하게 규격화된 방형의 성돌들이 나란히 줄을 맞추어 가면서 쌓아 올라가다가 힘을 받는 중요한 부분에서는 돌과 돌이 서로 이를 물도록 해서 그 마찰력을 강화시키는 견고한 기법으로 축조되어 있다. 이러한 축조 기법은 17세기 숙종 때에 들어와 조선 초기의 수평적인 축조 방식의 약점을 보완한 결과이다.

이처럼 화성은 전통적인 축성술의 장점을 살리면서 또한 시대적 요구에 적절히 대응하는 동시에 가장 발전되고 안정된 축조 기법으로 조성된 성곽이다. 여기에 아름다운 주변 지형을 감상할 수 있는 누각을 곁들여 건축의 아름다움까지 살려내고 있다. 이런 점에서 화성은 조선시대 성곽의 꽃이라는 평가를 듣기에 충분하다.

1997년에 화성은 유네스코가 지정하는 세계문화유산에 등록되었다. 화성이 세계문화유산에 지정된 가장 큰 이유는 우리 민족이 오랜 세월 동안 만들어 온 고유한 성곽 건축의 지혜가 이 건축물에 모두 담겨 있기 때문일 것이다. 이것은 세계 다른 민족에게 없는 한민족 고유의 가치이다. 동시에 화성은 동·서양의 축성술이 갖는 여러 가지 장점이 잘 수렴되었다. 즉 화성 축조에는 서양의 과학기술이 응용되었으며 중국에서 고안된 새로운 방어 시설도 응용되어 있다. 이런 점에서 화성은 우리 민족의 자랑스런 유산인 동시에 세계 인류 모두의 소중한 문화유산이다.

화성은 비록 성곽 시설로 세계문화유산에 등록되었지만 그 가치는 단지 성곽으로 그치지 않는다. 화성에 성곽을 쌓은 것은 행궁을 지키고 또 성안의 주민들을 보호하려는 목적에서였다. 따라서 화성을 생각할 때, 성벽이나 방어 시설만이 아니고 성벽으로 둘러싸인 도시 내부 전체를 하나의 문화유산으로 바라보는 시각이 필요하다.

다행히 성안에서 가장 중요한 건축물인 화성 행궁은 다시 복원되고 있다. 앞으로 남은 과제는 행궁의 복원과 더불어 화성 안에서 사람들이 살던 생활의 여러 가지 흔적들을 되살려서 성곽으로 둘러싸인 도시 전체를 문화유산으로 지켜나가는 일이다.

화성의 한복판에는 수원천이라고 부르는 하천이 흐르고 있다. 이 하천의 옛 이름은 대천이었다. 대천은 화성의 도시 생활에서 빼놓을 수 없는 중요한 것이었으며 지금도 화성의 경관을 구성하는 중요한 부분이다. 한때 이 대천을 콘크리트로 복개(覆蓋)하여 자동차 도로로 활용하려는 어리석은 계획도 있었지만 다행히 수원 지역 여러 인사들의 강한 반대 운동으로 복개를 면하게 되었다. 시내에는 정조가 혜경궁 홍씨를 모시고 화성에 행차할 때 지나던 길이 그대로 남아 있다. 하천뿐 아니고 이런 길도 가급적 남겨 놓아 화성의 역사적 흔적들을 살려나가는 것이 필요하다.

화성이 세계문화유산에 등록된 것으로 만족할 것이 아니고 세계 인류의 문화유산에 걸맞은 새로운 모습으로 가꾸어 나가는 일이야말로 지금부터 우리가 해야 할 일이다. 이런 일은 어떤 특별한 사람이 혼자서 할 수 있는 일이 아니고 화성을 사랑하는 모든 사람들이 관심을 갖고 해 나가야 할 일이라고 생각한다.

오늘의 화성 – 답사 안내

정조의 원대한 포부에 의해 지어졌던 화성은 왕의 사후에는 계획한 대로 성장하지 못한 채, 지방의 한 읍으로 명맥을 유지하다가 금세기 개화 물결 속에 방치되고 훼손되는 등 수난의 시기를 맞았다. 이 사이에 성곽의 여러 부분이 파괴되고 성문이나 각종 건물들이 사라져 버렸다. 다행히 1970년에 와서 성곽의 대대적인 복원 공사가 이루어지고 성곽 주변의 정화 사업이 이루어져 옛 모습으로 회복된 것은 참으로 뜻깊은 일이다.

이제 복구된 화성을 한바퀴 돌아보면서 화성의 오늘의 모습을 음미해 보고자 한다. 그 출발점은 어디라도 좋지만 아무래도 화성의 정문격인 장안문에서 시작하는 것이 좋겠다.

장안문은 수원 시가지의 중심부에 위치하여 서울에서 내려오는 북쪽 간선도로의 중심에 우뚝 서 있다. 장안문은 그야말로 수원시의 상징으로 그 역할을 하고 있다. 반원형의 옹성이 앞을 가로막고 그뒤 높은 석축 위에 2층의 누각이 위풍당당하게 세워져 있다. 아득히 보이는 추녀 밑에는 현란한 공포 장식이 건물을 더욱 돋보이게 한다.

장안문의 좌우에는 자동차 도로가 나 있는데, 원래는 성문에서 좌우로 성벽이 연결되어 있었다. 문에서 서쪽으로 발길을 옮기면, 돌로 쌓은 네모난 높은 시설이 눈에 띈다. 서적대(西敵臺)이다. 성문을 측면에서 지킬 목적으로 성벽에서 돌출시켜 세워졌다. 적대 몸통에는 세로로 길게 홈이 파여 있는데 이것이 다산 정약용이 제안한 현안(懸眼)이라는 시설이다.

서쪽으로 눈을 돌리면 성벽이 길게 뻗어 있고 그 앞으로는 파란 잔디밭이 1킬로미터쯤 이어지면서 사람들이 한가롭게 휴식을 즐기는 모습을 보게 된다. 바로 장안공원이다. 이 지역은 지형이 평탄하여 성벽이 일정한 높이를 유지하고 있고 성벽에 돌출한 치성이 군데군데 보인다. 성벽은 높이가 약 5미터 정도이고 비슷한 크기의 네모난 돌을 서로 이가 물리게 쌓아 올렸다. 성벽 위에는 여장이라고 부르는 것이 쌓아져 있다. 군사들이 몸을 숨기면서 공격할 수 있도록 한 시설이다.

장안공원의 한가운데에는 서북포루와 북포루가 있어서 포루란 것이 어떻게 생긴 것인지 잘 관찰할 수 있다. 성벽을 네모지게 돌출시키고 성벽 중간중간에는 총수를 여기저기 뚫어 놓았으며 꼭대기에는 기와지붕을 한 작은 건물을 세워 군사들이 몸을 숨기도록 꾸며 놓았다. 포루 부분은 전돌로 벽을 쌓아 올려서 돌로 쌓은 성벽과 대조를 이룬다.

장안공원은 성의 바깥 부분이고, 다시 처음 위치로 돌아와서 서적대에서 성벽 안쪽으로 향하면 성벽의 한쪽 시설을 볼 수 있다. 성벽이 시작하는 곳에 있는 성곽 관리 사무소를 지나면 성벽 안쪽의 산책로를 따라갈 수 있다. 안쪽에서 보는 성벽은 바깥과는 달라서, 흙을 성벽 높이까지 경사지게 높이 쌓아 올리고 사람들이 여장 안쪽까지 올라갈 수 있도록 하였다.

성벽에 인접해서 주택들이 밀집해 있지만 다행히 산책로가 이를 차단해 준다. 잔디가 파랗게 돋은 경사진 성벽 쪽을 바라보며 한가로이 걸음을 옮길 수 있어서 오히려 자동차 소음이 많은 공원 쪽보다 느낌이 좋다.

성벽을 따라가다 보면 화서문(華西門)이 나온다. 이 문에서 북쪽으로 조금 떨어진 곳에 서북공심돈이 있다. 밖에서 보면 장안공원의 푸른 잔디 한가운데 공심돈이 우뚝 솟은 독특한 외관을 볼 수 있다. 긴장감 넘치는 공심돈의 수많은 총구와 그 아래 한가로이 전개되는 잔디밭이 묘한 대조를 이룬다.

화서문에서 서쪽으로는 급한 경사가 시작된다. 여기서부터 팔달산의 정상까지 오르막이 되며 성벽이 지형을 따라 굽이굽이 이어진다. 여장에 바짝 붙어서 성벽을 따라 가파른 길을 오르다 보면 그 옛날 화성을 방비하던 군인이 된 기분으로 여장 사이에 뚫린 총구나 틈 사이로 바깥을 내다보는 체험을 만끽할 수 있다.

여장을 따라 올라가노라면 첫번째로 등장하는 것이 서북각루이다. 2층의 마루에 올라서면 수원 북방이 한눈에 들어온다. 조금 더 올라가면 치성 하나를 만나고, 도로가 나타났다가 성벽이 다시 이어지는데, 여기서부터 경사가 가파르다.

왼쪽으로는 숲이 우거지고 오른쪽으로는 여장 너머로 틈틈이 수원 서쪽 시가지가 눈에 들어온다. 여름에는 우거진 수풀 사이로 새소리를 들을 수 있고 종종 먹이를 구하러 나온 다람쥐와도 만나게 된다.

서포루와 치성 하나를 지나면 길은 더 가파르게 되어 이제 곧 산의 정상에 가까이 왔음을 알게 된다. 2, 3분을 더 올라가면 팔달산의 정상이 보이고 눈앞에 2층 지붕의 독특한 외관을 한 서장대(西將臺)가 나타난다. 정상에 오르면 상쾌한 바람과 함께 사방에 펼쳐진 경관에 취하여, 힘들여 올라온 피로도 간곳없이 사라진다.

서장대는 군사를 지휘하는 지휘소로, 화성에서 가장 높은 곳이며 지금도 여기서는 수원 시내를 한눈에 내려다볼 수 있다. 서쪽으로는 서호

(西湖)의 반짝이는 물과 그 너머 겹겹이 이어진 구릉과 야산을 조망할 수 있다. 서장대 뒤에는 서노대(西弩臺)가 있다. 노대 위에서 동노대와 서로 신호를 주고받던 곳이다.

이곳을 떠나 다시 성벽을 따라 발길을 옮기면 이제부터는 내리막길이 시작된다. 몇 발자국 옮기지 않아서 오른쪽 성벽에 움푹 내려간 계단이 보인다. 계단이 한 번 꺾이고 나면 작은 문이 나타나는데 이곳이 서암문이다. 서암문을 나서면 성밖이 된다. 암문을 사이에 두고 성벽이 한 번 끊어졌다가 이어지고 아래는 급한 경사다. 이곳은 화성에서 가장 후미진 곳이다. 그만큼 사람들의 출입도 많지 않았기 때문에 이 부근이 원래의 성벽이 제일 많이 남아 있는 곳이기도 하다. 여기 성벽의 돌은 붉은 빛깔을 띠고 있다. 이런 돌들이 바로 2백 년 전 화성을 쌓을 때 썼던 본래 돌들이다. 아랫단에서부터 조금씩 안으로 들어서 쌓은 기법이 잘 남아 있다.

다시 암문을 통해 성안으로 들어가서 조금 걸어 내려가면 길 왼쪽으로 큰 종이 걸려 있는 종각이 보인다. 이 종은 화성을 건설한 정조의 효심을 기려 수원시에서 최근에 설치한 것이다. 팔달산에 오른 사람이라면 누구나 종을 칠 수 있는데, 울리는 종소리를 들으며 그 옛날 정조의 효심을 마음에 새기게 된다.

종각 아래로는 팔달산의 산책로가 있고 그 아래로는 약수터를 비롯해서 수원 시민들이 새벽부터 저녁 늦게까지 휴식을 즐기고 체력을 단련할 수 있는 팔달공원이 있다. 이런 천혜의 자연 환경이 도심 한가운데 있는 것은 다른 도시에서는 좀처럼 볼 수 없는 수원의 또 다른 자랑거리이다.

다시 종각에서 길을 따라 내려가면 눈앞에 작은 반원형의 출입문과 누각을 보게 된다. 서남암문이다. 다른 암문이 눈에 잘 안 띄는 구석진 곳에 자리잡은 데 반하여 이 암문은 산등성이 제일 높은 곳에 우뚝 서 있다. 특히 이 문 바깥으로는 가늘고 긴 용도라는 통로가 있고 그 끝에는 화양루라는 각루가 자리잡고 있다.

이곳을 지나면 길은 급한 경사의 내리막이다. 도중에 남포루를 지나게 되는데, 경사가 급해서 포루의 지붕이 사람 키 정도로 손으로도 서까래를 만질 수 있을 정도이다. 항상 아득히 높은 곳에서만 보이던 서까래를 코앞에서 자세히 볼 수 있는 것도 이 길의 즐거움이다. 길 왼쪽에 큰 바위가 있는데 아마도 옛날에는 여기 많은 사람들이 걸터앉아 아픈 다리를 쉬었으리라. 지금 이 바위 앞에는 화성군이 고향인 홍난파 선생의 노래비가 서 있고 비에는 '고향의 봄' 가사가 새겨져 있다.

여기서 성벽을 따라 내려가다 보면 갑자기 성벽이 끝나고 주택과 상점 건물이 눈앞을 어지럽게 한다. 건물들 사이로 저만치 앞에 우람한 모습의 옹성과 성문이 보이는데 바로 남문인 팔달문이다. 원래 이곳도 성벽이 이어지고 남문 좌우에는 적대가 있었으나 현재는 시가지 중심부여서 복원을 하지 못하고 남겨 두었다.

팔달문은 규모나 형태가 장안문과 동일하다. 이 문은 한국전쟁 중에도 난을 당하지 않고 오늘까지 원형을 간직하고 있어 현재 보물 제402호로 지정되어 보호받고 있다. 팔달문을 지나면 성벽의 모습은 간곳없고 3, 4층 건물들이 어지럽게 늘어서 있다. 그 사이로 골목이 나 있는데 골목 안에는 남문시장이 위치하고 있다.

시장 입구에서 하천이 있는 곳까지도 성벽이 복원되지 못했다. 부득이 시장을 관통해야만 건너편 성벽으로 갈 수 있다. 시장 안을 들어서면 물건 파는 사람들의 외침과 좋고 값싼 물건을 고르려는 손님들의 움직임으로 부산하다. 시장 안의 고소한 참기름 냄새와 울긋불긋한 갖가지 물건들에 한눈 팔다보면 자칫 성벽으로 이어지는 길을 찾지 못하고 헤매기 십상이다.

가게 사이를 빠져나가다 보면 어느새 하천을 건너게 되고 급한 경사로를 따라 올라가면 다시 성벽이 반갑게 맞이한다.

제일 먼저 보이는 건물은 동남각루이다. 각루가 있는 만큼 지형이 높고 주변 조망이 잘 이루어지는 곳임을 알 수 있다. 조금 더 나아가면 동2포루, 동포루 등이 있고 동2포루와 동포루 사이에는 봉돈이 있다. 그 형태는 재래의 건물에서 볼 수 없는 특이함을 지니고 있으며, 규모도 제법 장대한 맛이 있다.

중간에 차량 소통을 위해 성벽 밑으로 출입구가 만들어져 있는데 이 통로를 통해 성밖을 한 번 나가 보는 것도 좋다. 이 쪽도 비교적 원래 모습이 잘 남아 있고 또 여러 가지 포루의 모습을 잘 관찰할 수 있기 때문이다.

동1포루에서 한참을 가면 다시 성문이 나오고 그 앞쪽은 잔디가 조성되었는데 성의 동문인 창룡문이다. 문 왼편으로 넓은 찻길이 보인다. 서울과 오산을 잇는 산업도로로 통하는 길이다. 전에는 찻길 때문에 여기서 성벽이 끊어졌지만 최근 성벽 위를 연결하는 공사를 해서 계속 성벽을 따라 걸을 수 있다. 이제는 다리도 아프고 성곽을 둘러보는 데도 지칠 때가 되었지만 꼭 보아야 할 건물 하나가 있다.

19세기에 지은 『오주연문장전산고(五洲衍文長箋散稿)』라는 긴 제목의 책이 있는데, 여기에 소라각이라는 건물이 소개되어 있다. 건물 안의 계단이 마치 소라처럼 빙빙 돌면서 만들어져 있다는 기록이다. 이것은 바로 화성의 동북공심돈을 가리키는 말이다.

이 건물은 창룡문에서 북쪽 방향으로 3백 미터 정도 떨어진 높은 곳에 있다. 성 동쪽 일대를 감시하는 망루 구실을 하는 건물이다. 전체가 커다란 원통형이고 꼭대기에 건물을 세운 것인데, 모두 전돌로 지어졌고 내부는 3층으로 구획되었으며 나선형 계단으로 만들어져 있다. 물론 바깥벽에는 여기저기에 총구나 감시용 구멍이 뚫어져 있다. 아마도 이런 형태의 건물은 당시 조선에서 유일무이했기 때문에 소라각이라는 이름으로 사람들의 관심을 끌었던 듯하다.

동북공심돈 아래는 수원 시민들이 이용하는 활터가 있다. 활터 왼편에는 사방으로 담장을 두른 제법 위엄을 갖춘 건물이 한 채 보인다. 동쪽으로 솟을대문이 있고 그 안에 남향하여 정면 5칸의 우람한 기와집이 우뚝 서 있다. 성의 동쪽에서 군사들을 지휘하던 동장대이다. 여기는 지세가 평탄한 관계로 평상시 군사들을 조련시켰는데, 바로 이곳에 지금은 수원 시민의 활터가 조성되었다. 세월은 흘렀어도 나라를 지키던 정신이 면면히 이어지고 있는 셈이다.

다시 성벽을 따라 가면 오르막이 되면서 동암문이 나오고 제일 높은 언덕에 각건대가 보인다. 여기서는 성의 동쪽 주변이 한눈에 들어오고 멀리는 광교산과 형제봉 봉우리가 시야에 들어온다. 눈을 서쪽으로 돌리면 팔달산의 정상과 서장대의 자태가 완만한 능선을 배경으로 전개되어 앞서 땀흘려 올랐던 기억을 되살린다.

각건대부터는 내리막길이다. 성 안쪽을 바라보면 현충탑이 높이 서 있고 그 아래로 발길을 옮기면 자그마한 비각이 있는데, 그 속에는 전에 광교산 중턱에 있던 창성사(彰聖寺)라는 절에서 옮겨온 '진각국사탑비(眞覺國師塔碑)'가 모셔 있다. 이 비는 고려 때 세워진 것으로 보물 제14호로 지정되어 있다.

이 부근 언덕과 하천 사이는 수원에서 가장 경치가 아름다운 곳으로 화성 일주의 마지막을 장식하는 곳이다. 여기에는 성안에서 가장 멋진 건물인 방화수류정과 용연, 그리고 화홍문이 있다.

방화수류정은 원래 명칭이 동북각루이다. 이름에서 알 수 있듯이 단순히 휴식을 취하는 것만이 목적이 아니고 유사시에 적의 동태를 감시하는 기능을 함께 갖춘 건물이다. 그러면서도 경사진 지형 조건을 최대한 살리고 건물의 형태도 변화무쌍하게 꾸며서 멀리서 바라보면 소나무 숲 사이에 학이 앉아 노니는 듯한 아름답고도 경쾌한 자태를 꾸미고 있다. 정자에 올라 난간에 팔을 기대고 아래를 내려다보면, 단아하게 꾸며진 연못 한가운데 자그마한 섬이 보는 이를 반긴다.

방화수류정을 나와 경사로를 따라 내려가면 제법 넓은 하천이 나오고 하천에는 7개의 홍예문으로 구축된 수문이 나온다. 수문 위는 사람들이 걸어다닐 수 있는 길이 만들어져 있고, 성벽에 잇대어서 화홍문이 세워져 있다. 화홍문의 입구 좌우에는 돌로 만든 짐승이 팔각기둥 위에 버티고 앉아 주변을 지켜보고 있는 것도 눈여겨볼 만하다.

화홍문 한가운데 올라서면 성 안팎으로 물이 흐르는 모습을 볼 수 있다. 원래 성 안쪽 하천은 폭도 넓고 넓직한 바위들이 시원시원하게 깔려 있어서 40~50년 전만 해도 여기서 아낙네들이 빨래를 하곤 했다. 지금은 하천 바닥도 높아지고 좌우를 네모 반듯하게 다듬어서 넓은 바위들을 찾아보기 어렵다.

하천을 건너서 다시 성벽을 따라가면 동북포루와 적대가 나오고 드디어 화성 일주의 출발점인 장안문이 눈앞에 나타난다. 약 2시간 동안의 가벼운 등산과 산보를 하는 동안 2백 년 전 나라를 지키려고 힘들여 고안하고 땀흘려 성을 쌓은 선조들의 체취를 느낄 수 있었던 것만 해도 큰 보람이 아닐 수 없다. 아울러 세계문화유산의 하나를 내 발로 직접 다니며 살펴볼 수 있었다는 성취감은 각별한 것일 수밖에 없다.

빛깔있는 책들 102-5

수원 화성

글	—김동욱
사진	—손재식
발행인	—장화경
발행처	—주식회사 대원사
편집	—황병욱
총무	—김인태, 정문철, 김영원

초판 1쇄 —1989년 5월 15일 발행
초판 10쇄 —2010년 7월 26일 발행

주식회사 대원사
우편번호/140-901
서울 용산구 후암동 358-17
전화번호/(02) 757-6717~9
팩시밀리/(02) 775-8043
등록번호/제 3-191호
http://www.daewonsa.co.kr

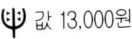 값 13,000원

Daewonsa Publishing Co., Ltd.
Printed in Korea(1989)

ISBN 89-369-0024-2 00540

빛깔있는 책들